中国海洋保护区档案

Archives of China Marine Reserve

（下卷）

朱德洲 主编

文稿编撰 ◎ 徐 平 林华英

图片统筹 ◎ 徐 平 郑雪姣

中国海洋大学出版社

·青岛·

总目录

上卷

中卷

下卷

南麂列岛国家级海洋自然保护区

NANJILIEDAO GUOJIAJI HAIYANG ZIRAN BAOHUQU

南麂列岛风光

一 保护区名片

地理位置	浙江省温州市平阳县东南海域，距平阳县鳌江港 56 千米
地理坐标	27° 24′ 30″ N ~ 27° 30′ 00″ N, 120° 56′ 30″ E ~ 121° 08′ 30″ E
级别	国家级
批建时间	1990 年
面积	201.06 平方千米
保护对象	海洋贝类、海洋藻类、海洋鸟类、野生水仙花及其生态环境为主要保护对象
关键词	中国最美十大海岛、海洋贝藻基因库、天然博物馆、贝藻王国
资源数据	海洋生物约 1 800 种，种子植物共计 89 科 253 属。贝类、藻类资源尤为丰富，浙江省 80% 的贝类、藻类都分布于此，二者分别约占全国海洋贝类、藻类种数的 15% 和 25%。其中有 36 种贝类在中国沿海仅分布于南麂海域，黑叶马尾藻、头状马尾藻及浙江褐茸藻是在南麂列岛发现的新种，另有 22 种藻被列为稀有种

二 保护区概况

1990 年经国务院批准，南麂列岛国家级海洋自然保护区正式设立，是我国首批 5 个国家级海洋自然保护区之一。1998 年，南麂列岛国家级海洋自然保护区成为我国最早被纳入联合国教科文组织世界生物圈保护区网络的海洋类型自然保护区。2005 年，该保护区被《中国国家地理》杂志评为中国最美十大海岛之一。2014 年成为东亚海计划（PEMSEA）中国第四期项目中的示范区之一。

南麂岛渔人码头

南麂列岛国家级海洋自然保护区是典型的亚热带海洋性季风气候，拥有独特的生态环境、多样的生物种类及复杂的生物区系。黑潮支流——台湾暖流和东海沿岸流在此相互作用，复杂的流系和发达的锋面在此呈现。在地形的影响下，局部涡流十分发达，水体交换活跃。

黑尾鸥成群

南麂列岛风光

三 功能分区图

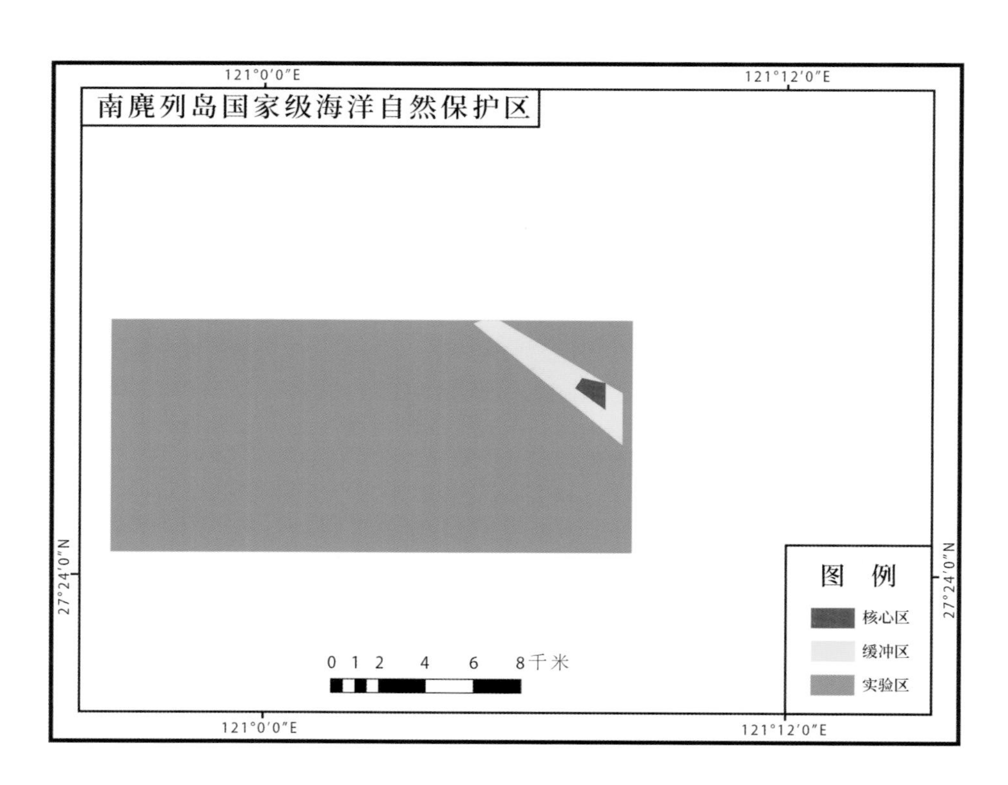

四 代表性资源

（一）动物资源

黑尾鸥

黑尾鸥

学　名	*Larus crassirostris*
中文别称	鱼鹰子、黑背鸥、淡红脚鸥、黄腿鸥
分类地位	脊索动物门鸟纲鸻形目鸥科鸥属
自然分布	在我国主要分布于吉林东部、辽宁南部、山东和福建沿海一带，在华南、华东沿海和台湾越冬

黑尾鸥头、颈、腰和尾上覆羽，整个下体全为白色；背和两翅暗灰色。翅上初级覆羽黑色，其余覆羽暗灰色，大覆羽具灰白色先端。外侧初级飞羽黑色，从第 3 枚起微具白色先端；内侧初级飞羽灰黑色，先端白色，次级飞羽暗灰色，尖端白色，形成翅上白色后缘。尾基部白色，端部黑色，并具白色端缘。冬羽和夏羽相似，但头顶至后颈有灰褐色斑。虹膜淡黄色，眼睑朱红色。嘴黄色，先端红色，次端斑黑色。

黑尾鸥常成群结伴行动，它们或翔集于海面上空，或跟随船只觅食，也常群集于沿海渔场。它们有时也在河口、江河下游和附近水库与沼泽等地带活动，但主要还是在海面上以捕食上层鱼类为生，偶尔也摄食虾、软体动物和一些水生昆虫等。

黑尾鸥的繁殖期在 4 ~ 7 月，最早可于 4 月下旬产卵。通常，每窝可产卵 2 枚，偶尔多至 3 枚。雌雄成鸟轮流孵卵，经过 25 ~ 27 天的孵化，雏鸟就破壳而出。成鸟主要用一些小型的鱼和昆虫来育雏，经过 30 ~ 45 天的精心喂养，幼鸟就能自主飞翔。

真赤鲷

真赤鲷

学　名	*Pagrus major*
中文别称	加吉鱼、铜盆鱼
分类地位	脊索动物门辐鳍鱼纲鲈形目鲷科赤鲷属
自然分布	在我国分布于黄海、渤海，东海闽南近海和闽中南部沿海

真赤鲷体侧扁，侧面观呈长椭圆形，一般体长 15 ~ 30 厘米，体重 300 ~ 1 000 克。头大，口小。左右额骨愈合，上颌前端具犬牙 4 枚，下颌前端具犬牙 6 枚，上下颌的两侧各具颗粒状臼齿 2 列。颊部和顶部具鳞片，前鳃盖骨后半部具鳞片。尾鳍后缘呈墨绿色，背鳍基部具白色的斑点。全身呈淡红色，体被中等大小的圆鳞或弱栉鳞。背部散布若干蓝绿色斑点，游动时会闪现蓝光。

真赤鲷是近海暖水型底层鱼类，常栖息于水质清澈、藻类丛生的岩礁海区，常结群活动，游泳能力强。作为肉食性鱼类，真鲷主要以底栖甲壳类、棘皮动物、软体动物、鱼为食。适宜生长的水温为 9℃ ~ 30℃，最适合生长的水温为 18℃ ~ 28℃。当盐度低于 16 时，则对真赤鲷生长不利。

一般认为，体重约 500 克的 3 龄鱼达到性成熟，但也有少数个体在 2 龄时就已成熟。真赤鲷性腺发育的显著特点就是分批成熟，多次产卵。其怀卵量十分巨大，一般是 20 万 ~ 110 万粒，高的可达 300 万粒，其数目随着鱼体的生长而不断增加。

（二）植物资源

亨氏马尾藻

亨氏马尾藻

学　　名	*Sargassum henslowianum*
中文别称	草茜、海茜等
分类地位	棕色藻门褐藻纲墨角藻目马尾藻科马尾藻属
自然分布	在我国主要分布于福建、广东、广西和海南沿海

亨氏马尾藻是多年生的大型藻类，具固着器、主干、分枝、叶片和气囊。主干呈圆柱状，长短不一，向四周辐射生长。分枝常呈圆柱形，次生分枝末端为着生圆柱状生殖托的小枝。固着器盘状，直径 1 ~ 1.5 厘米。雌雄异体。亨氏马尾藻通常着生于低潮带至潮下带的岩石上。

水仙

水仙

学　名	*Narcissus tazetta* subsp. *chinensis*
中文别称	金盏银台、落神香妃、玉玲珑、金银台等
分类地位	被子植物门单子叶植物纲天门冬目石蒜科水仙属
自然分布	在我国主要分布于浙江、福建沿海

水仙鳞茎呈卵球形，叶呈扁平的宽线形，长 20 ~ 40 厘米，宽 8 ~ 15 毫米。花茎与叶等长，伞形花序有花 4 ~ 8 朵，佛焰苞状总苞膜质，花梗长短不一。花被管细，灰绿色，近三棱形，长约 2 厘米；花被裂片 6 枚，卵圆形至阔椭圆形，顶端具短尖头，白色，气味芳香。副花冠浅杯状，淡黄色，不皱缩，长不及花被的 1/2。子房有 3 室，每室有胚珠多数，花柱细长，柱头 3 裂。

水仙为秋植球根类温室花卉，具秋冬生长、早春开花、夏季休眠的生理特性。水仙喜光、喜水、喜肥，适应于温暖、湿润的气候条件，喜肥沃的砂质土壤。在不同生长时期对环境的要求略有差异，主要表现为生长前期喜凉爽、中期稍耐寒、后期喜温暖。

水仙芬芳清新，素洁幽雅，超凡脱俗。因此，古代就将其与兰花、菊花、菖蒲并列为“花草四雅”；又将其与梅花、茶花、迎春花合称“雪中四友”。只要一碟清水、几粒卵石，随意置于案头窗台，它就能在寒冬腊月展翠吐芳，香气袭人。

水仙还是一味良药。人们以其鳞茎入药，春秋采集之后洗去泥沙，鲜用或切片晒干，有清热解毒、散结消肿等疗效，常用于腮腺炎、痈疖疔毒初起红肿热痛等症。

水仙鲜花芳香油含量为 0.20% ~ 0.45%，经提炼可调制香精、香料，是香水、香皂及高级化妆品的原料。人们也借由其清香隽永的特性，采用水仙鲜花窨茶，制成高档水仙花茶、水仙乌龙茶等，制出的茶气隽香、味甘醇，回甘无穷。

（三）旅游资源

大沙岙海滨浴场

整个浴场形如月牙，三面环山，一面朝海，金沙碧浪，与蓝天白云相互映衬，景色宜人。沙滩沿岸入海坡度约 5°，相对平坦，非常适合赤足行走，可晒日光浴。

沙滩四周海岸蜿蜒，奇礁兀立，怪石丛生，海洞峡谷多。岸上有泉水长年潺流，冲浪后可用来洁身。

这里还有著名的南炮台山景点。南炮台山地处东海海防要塞，是从海上进岛的登陆点之一。历史上，戚继光曾经在此练兵抗倭，具有重要的海防及爱国教育意义，于是这里也就发展成为著名的爱国主义教育基地。

大沙岙海滨浴场

三盘尾

南麂山向东南延伸，可按山丘高低分为头盘、二盘、三盘，尾部一直延伸至南麂岛东南，三盘尾由此得名。三盘尾称得上是南麂岛中观望海景的绝佳之处。这里的景点主要分布在山上，去时沿山脊可以游览猴子拜观音、潮音洞、飞来石、风动岩等景点，返程则可以沿海边小路欣赏大海、巨石、碉堡、渔村等。

南麂美龄居

南麂美龄居是昔日宋美龄在南麂岛的寓所，又名“栖凤居”。南麂美龄居坐落于大沙岙东北面山坳里，背山向海，有公路相通，离台湾基隆港只 140 海里，十分隐蔽，便于防御退却。南麂美龄居采用钢筋水泥结构，共三间平房，面积约 80 平方米。

南麂美龄居

五 历史人文

（一）历史故事

郑成功与国姓澳

南麂岛北部有个国姓澳，澳口宽 1 000 米，澳长 1 900 米，三面环山，是南麂列岛唯一的优良避风港。

国姓澳原名西澳，而这一名字的来源与一段历史故事密不可分。1659 年，郑成功战船曾驻扎于南麂，后由此出发，北上抗清。众所周知，郑成功原名郑森，曾被赐国姓“朱”，故又称郑国姓、国姓爷。后人为纪念郑成功，将西澳改称为国姓澳。澳口北面的小山丘叫国姓山，原先山巅有一祠——国姓祠，也是为了纪念郑成功而建造的，后因战事被毁，现尚存部分残垣断壁。

王理孚与近代南麂岛的开发

在近代南麂岛的开发中，有一名实业家、慈善家、开明绅士功不可没——那就是人称“海髯先生”的王理孚（1876—1950）。

民国初期，王理孚积极参与调停平阳和瑞安关于南麂归属权的争端。在他援引图志及县档案，一番据理力争之下，最终“平垦南麂、瑞垦北麂”（南麂归属平阳，北麂归属瑞安）。这场官司的胜利，大大地坚定了他建设南麂的决心。他集资两万银圆，建南麂渔佃公司，募渔民移居南麂垦殖；购置了“静江号”小轮船，打通了鳌江镇与南麂岛的航线；大兴植树造林，留下了“草堂南北两高峰，手植青青十万松”的佳话。

抗战时期，王理孚把渔佃公司的全部资金及收入捐给平阳县政府。南麂渔民生产有序，生活安定，岛上居民从原先的数十人发展到上万人，逐步形成南麂乡，南麂进入有史以来发展最为鼎盛的时期。

南麂岛从一片荒芜走向繁荣，这背后离不开王理孚的苦心经营和远见卓识，王理孚也因此被誉为南麂岛的第一位“拓荒者”。

（二）民间传说

水仙的传说

传说，水仙是尧帝的女儿娥皇、女英的化身。她们二人同嫁给舜，姐姐为后，妹妹为妃，三人感情甚好。舜在南巡时驾崩，娥皇与女英双双殉情于湘江。上天怜悯二人的至情至爱，便将二人的魂魄化为江边美丽的水仙。因此，水仙在我国有“思念、忠贞不渝的爱情”之意。

水仙

望夫石的传说

三盘尾的山背上，矗立着一尊岩石。传说这是一个渔妇的化身。渔妇披着长发，朝向南方，凝望大海，殷切地等待着出海捕鱼的丈夫安全归来。她日日夜夜于此眺望，最终化成一尊岩石。“脚踹船板三分命”，望夫石传说的背后诉尽渔民的妻子盼望平安和忠贞不渝的共同心声。

（三）风土人情

南麂大黄鱼节

大黄鱼，又名黄花鱼、黄瓜鱼。温州人对大黄鱼情有独钟，尤其在喜宴中，只有上大黄鱼的那一刻，才是新人敬酒的开始，代表着宴席高潮的到来。

南麂岛海域是浙南海区的传统渔场，历来是大黄鱼的索饵场和产卵场，不管是海水的盐度、水质还是温度都十分适合大黄鱼生长。然而，过度采捕导致大黄鱼渔获量下降，为了恢复大黄鱼种群数量，人们将目光转向大黄鱼养殖。从20世纪90年代至今，南麂岛渔民专心养殖大黄鱼，让这条鱼“游”出一个富民产业。

“好水养好鱼”，南麂岛养殖出来的大黄鱼体形匀称，体色鲜艳，肉质紧密，胜于传统近岸浅水养殖的大黄鱼，受消费者的喜爱与追捧。一条鱼催生一个节日，自“2018中国·平阳首届南麂大黄鱼节开幕式”开始，摄影大赛、高峰论坛、烹饪大赛、渔耕体验、文艺演出、农博会等主题活动在大黄鱼节期间依次举办。

保护区管理

（一）以机制建设为根本，全力推进保护区管护工作

以推进国家级海洋自然保护区执法示范建设工作为契机，健全完善各项规章制度，深入开展“海盾”“碧海”“护岛”三大专项执法行动，定期巡航执法，严厉打击偷盗采捕等破坏生态环境的行为。同时，探索创新“群防群护”机制，吸纳各村骨干和海上作业经验丰富的人员组成了海上义务监察管理队伍，配合海监支队加强海上执法巡查，共同维护海洋生态环境。

（二）以海洋科研为重点，狠抓生态环境修复工作

坚持开展环境和生物监测，建立生物多样性数据库；推进生态修复工程建设，

开展等边浅蛤保护、海洋牧场建设、岛体保护和整治修复等项目；新建珍稀海洋生物繁育和救助中心，用于海洋珍稀生物救助、活体展示和繁育保护研究；加强对外交流合作，强化博士后科研工作站建设，开展各种类型的海洋生物研究，并在全国率先开展“蓝色碳汇”研究。

（三）以转型发展为引领，努力推进社区和谐共建

加快推进渔民转业转产，开展科学化养殖，培育南麂本地品牌。依托南麂旅游资源优势，鼓励渔家乐发展，打造具有南麂特色的海岛风情渔村。完成环岛公路、863微网发电、太阳能发电、生态公厕等一批民生项目建设，改善南麂居民生产生活条件。实施生态补偿机制，南麂居民每人每年可得到从旅游门票中提取的平均300元的生态补偿金，真正享受到生态保护带来的实惠。

（四）以开发服从保护为底线，适度推进旅游行业发展

稳步推进旅游资源开发，集中力量强化两个核心景点的开发建设，不断完善陆岛交通、生态公厕、排档一条街等相关旅游服务设施；推进对台教育基地建设，完成南麂美龄居、台湾相思园、国军军备陈列室、碉堡战壕坑道修复、浙江省全境解放纪念碑和竹屿惨案纪念碑等景点建设；围绕高端旅游目标，推进岛上宾馆、民宿改造提升。同时，不断加强岛上旅游管理，严控上岛游客数量，景区保洁、秩序维护等管理工作施行市场化管理模式。

（五）以提升公众保护海洋意识为目标，积极开展科普宣教工作

充分发挥保护区作为科普教育基地的作用，依托主题日、网站、微信公众平台、手机短信、画册、宣教片等方式向游客及群众介绍南麂优越的自然环境、美丽的海岛风光、种类繁多的海洋生物，深化公众保护海洋生态环境的意识，不断提升公众保护南麂自然生态环境的主观能动性。

福建福瑶列岛国家级海洋公园

FUJIAN FUYAOLIEDAO GUOJIAJI HAIYANG GONGYUAN

福建福瑶列岛国家级海洋公园风光

保护区名片

地理位置	福建省福鼎市东南部
地理坐标	A: 26° 56′ 37.97″ N, 120° 16′ 29.44″ E; B: 26° 58′ 52.43″ N, 120° 19′ 54.62″ E; C: 26° 58′ 02.18″ N, 120° 23′ 49.04″ E; D: 26° 55′ 05.15″ N, 120° 23′ 42.67″ E; E: 26° 55′ 04.45″ N, 120° 16′ 30.87″ E
级别	国家级
批建时间	2012 年 12 月
面积	67.83 平方千米。其中，重点保护区 33.30 平方千米，适度利用区 21.86 平方千米，预留区 12.67 平方千米
保护对象	重点保护大嵛山岛上的大天湖、小天湖自然景观，九猪拱槽饮用水源，以及周边海域的生物资源及其生境；适度保护大嵛山岛的万亩草场自然景观及白莲飞瀑、羊鼓尾遗址等自然和人文景观
关键词	海上天湖、岛国天山、中国十大最美丽岛屿
资源数据	鱼类 96 种（包括经济鱼类约 70 种），甲壳类 36 种，头足类 4 种。海岛资源丰富，由 11 个岛屿和 9 处岩礁组成

保护区概况

福瑶列岛国家级海洋公园原属宁德市级海岛生态特别保护区，现作为国家级海洋特别保护区的一种类型，侧重建立海洋生态保护与海洋旅游开发相协调、保护与开发共一体的模式。保护区的模式意在开展生态保护工作的同时，合理发挥特定海域的生态旅游功能，从而实现生态环境效益与经济社会效益的共赢。

福瑶列岛的海洋资源极为丰富，是福鼎的重要渔业生产基地，也是一些海洋动物的产卵场，具有重要的生态保护意义。此处还具有独特的自然景观和人文景观，旅游资源十分丰富，具有很高的景观价值、游赏价值和生态价值。

功能分区图

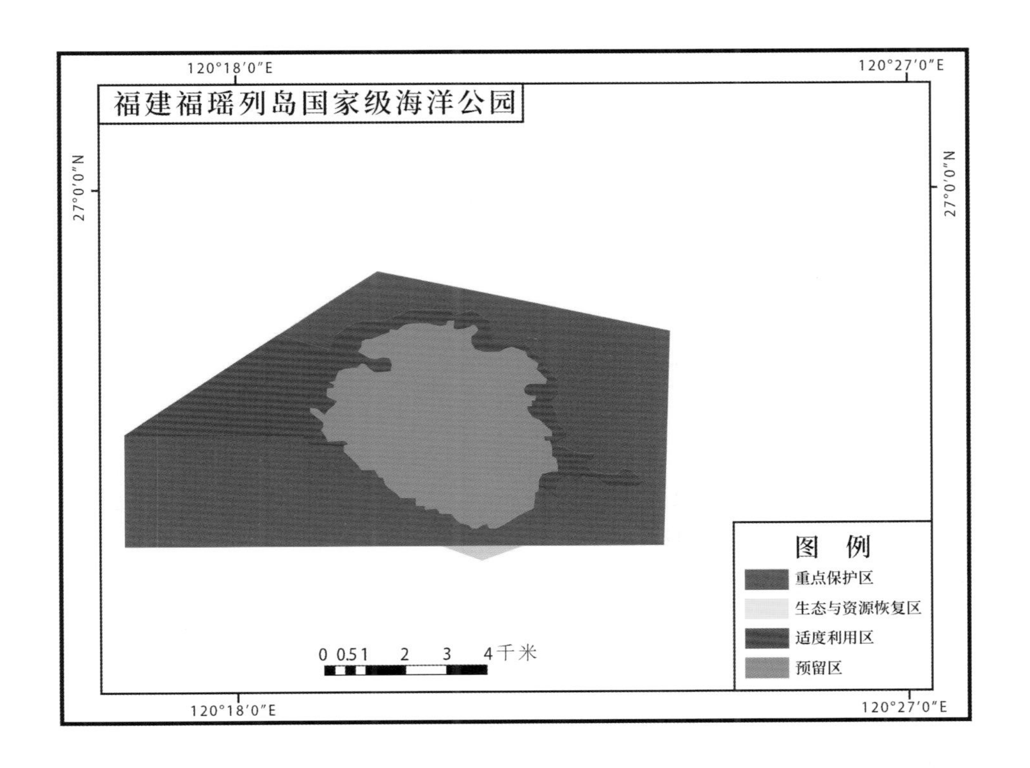

四 代表性资源

（一）动物资源

鳗鲡

鳗鲡

学　　名	*Anguilla japonica*
中文别称	鳗鱼、白鳝、白鳗、河鳗、青鳝、日本鳗鲡
分类地位	脊索动物门辐鳍鱼纲鳗鲡目鳗鲡科鳗鲡属
自然分布	在我国广泛分布于沿海、各大江河的干流和支流

鳗鲡的仔鱼体长 6 厘米左右，体重 0.1 克，但它的头狭小，身体薄又透明，像柳叶一般，所以称为“柳叶鳗”。仔鱼可以很省力地随着洋流作长距离的漂游，经四五个月才开始变态为身体细长透明的玻璃鳗。玻璃鳗进入河口，经线鳗等阶段发育为成鳗。成鳗生长快，色泽乌黑。鳗鲡的最大个体为 45 厘米，体重 1 600 克。鳗鲡喜欢在清洁、无污染的水域栖身。

鳗鲡在深海中产卵繁殖，在淡水环境中成长。性情凶猛，贪食，好动，昼伏夜出，趋旋光性强，喜流水，好暖。鳗鲡在陆地的河川中生长，成熟后洄游到海洋产卵地产卵，一生只产一次卵，产卵后就死亡。这种洄游模式与鲑鱼的溯河洄游相反，被称为降海洄游。

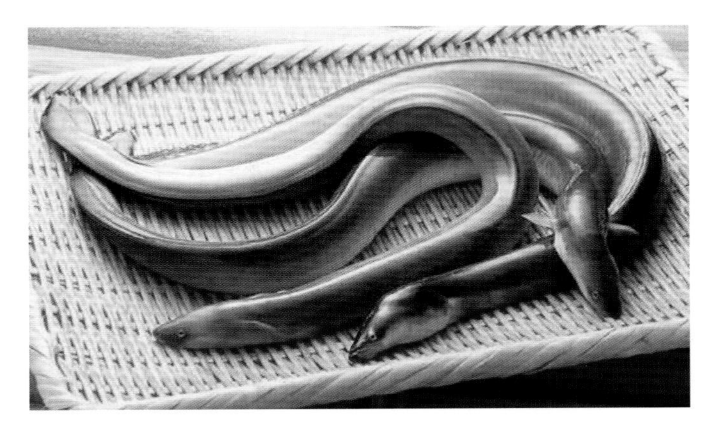
鳗鲡

鳗鲡的性别受种群密度的影响。种群密度低时，雌鱼的比例会增加; 种群密度高时，雄鱼的比例会增加。

鳗鲡的生活史很特别，人工养殖环境很难复制自然海区，因而目前鳗鱼苗尚无法用人工繁殖的方法来培育。

中国毛虾

中国毛虾

学　名	*Acetes chinensis*
中文别称	水虾
分类地位	节肢动物门甲壳纲十足目樱虾科毛虾属
自然分布	在我国沿海均有分布

中国毛虾个体较小，成体体长通常为 2.5 ～ 4 厘米，雌虾略大于雄虾，在我国分布较广。其体极侧扁，甲壳极薄且无色透明，仅口器部分和第 2 触鞭呈红色。触鞭甚长，为体长的 3 倍有余。步足 3 对，皆呈微小的钳状，第 4、第 5 对步足完全退化。雌虾第 3 步足基部间的腹甲向后突出，称为生殖板。其后缘中部向前方凹陷，两侧形成两个乳头状突起。突起的形状变化甚大，呈圆形或三角形。雄虾胸部末节的腹甲向前方腹面突出，形如一对乳头，雄性生殖孔开口于其腹面。雌、雄虾尾肢的基肢腹面均有一列红色圆点。

中国毛虾具一对长眼柄，可在浑浊水体中辨清目标，所以能够适应于水质较肥的水域。中国毛虾一般于 3 月中上旬进入河口浅海水域，在 5 ～ 7 月产卵。中国毛虾喜栖息于近岸泥沙底质浅海区，生命周期短，是很多海水鱼、蟹类的主要天然饵料生物。中国毛虾在生态习性上属于浮游动物，随潮流推移而游动于沿岸、河口和岛屿一带，且普遍具有昼夜垂直与季节水平移动的特性。

中国毛虾收获场景

月鳢

月鳢

学　　名	*Channa asiatica*
中文别称	七星鱼、孤呆、山花鱼、山斑鱼
分类地位	脊索动物门辐鳍鱼纲鲈形目鳢科鳢属
自然分布	在我国主要分布于长江以南水域

月鳢头大而宽扁，吻短而圆钝，口大，鼻管粗大，向前伸过上唇。鳞较大，头顶鳞片扩大，但不规则；头侧鳞片也较大。背鳍和臀鳍基部长；胸鳍和尾鳍均为圆形；无腹鳍。体缘黑色乃至灰黑色，腹部灰白。眼后头侧有 2 条黑色纵带，伸至鳃盖；体侧有 7 ～ 9 条尖端向前的“人”字形横带；尾鳍基底有 1 黑色眼状斑，斑周珠色或为 1 圈珠色亮点；全身布满珠色亮点，背鳍与臀鳍各有多行珠色亮点，尤以雄性更显著。

月鳢昼伏夜出，白天常潜伏于水草丛中，夜晚则四处活动觅食。月鳢对环境有很强的适应力，当水中缺氧时，月鳢能将头露出水面并借助鳃腔内的辅助器官进行呼吸，这使得月鳢离水也能存活较长时间，有利于高密度集约化饲养和活鱼的长途运输。其最适生长水温为 15℃ ~ 30℃，当水温降至 12℃便不再进食，到了更为寒冷的冬季则潜入洞穴或钻入泥层中避寒越冬。

自然生长的月鳢经过 2 冬龄就能达到性成熟，而人工培育的月鳢亲鱼则只需 1 冬龄。产卵季节通常为 4 ～ 6 月，不同地区的产卵盛期各有差异。其鱼卵呈圆球形，金黄色，卵黄内具油球，是浮性卵。初出膜的鱼苗腹部朝上，孵出 4 天后就能结群游泳，至第 25 天其形态和生活习性都与成鱼无异。

（二）自然景观

万亩草场

万亩草场位于素有“海上明珠”之称的大嵛山岛上。黄澄澄的草场披挂在整面的山坡上，大海尽收眼底，难以想象在碧波万顷的东海之上竟有如此神奇的景色。五一节前后，草由黄色变成绿油油的，又是另一番景象。踏在松松软软的草场之上，海风拂过，心情也随之荡漾！

大、小天湖

大、小天湖是大嵛山岛上的两个高山湖泊，位于天湖山顶上。山高约 500 米，大天湖面积近千亩，可泛舟畅游；小天湖有 200 多亩。两湖相隔 1 000 多米，各有泉眼，常年不竭，水质甜美，水清如镜。湖面因日而耀，因风而皱，时有白鸥翔集；湖畔多有野生乌龟出没。

大嵛山岛万亩草场

大嵛山岛

鸟岛

鸟岛即小嵛山岛，为一个无人岛，面积3.28平方千米，沿岸因被海水冲刷风化，基岩裸露，礁石林立，海蚀地貌十分突出，构成奇特的景观。鸟岛海拔仅50米，岛上植被茂密，栖息着成千上万只海鸥和其他候鸟。

（三）地质地貌景观

“礁石项链”

大嵛山岛上有天然形成的大、小天湖和九猪拱槽3个高山湖泊，山湖相映。海岛岸线曲折绵长，因长期受海水冲刷，形成了独特的海蚀地貌。沿岸岩礁各具姿态，若断若续，参差错落，连缀成一条“礁石项链”。礁石在风力、海浪的鬼斧神工下，被雕刻成各式模样，令人百看不厌。大嵛山岛上有金猴观日、千叶岩、海龟礁、石叠礁等众多奇形怪状的岩石景点。

五 历史人文

铁枝木偶戏

铁枝木偶戏，因操纵木偶表演的杆由铁制成，故被称为铁枝戏或铁线戏。铁枝戏的木偶一般身长八寸（27 厘米），老丑和彩旦一尺二寸（40 厘米）。木偶头部用泥土捏造而成，躯干四肢则以木刻制，手用纸扎铁线制成，服装以绸缎绣金花线，鲜艳华贵。表演时，一般会用三支铁杆操纵木偶，即置于偶人背后中部的主杆——“背线”和分置于两臂的侧杆。表演时，左手中指、无名指、小指同时紧握背线，用以支撑躯干，拇指、食指则夹捻木偶左臂铁杆，右手操纵木偶右臂铁杆。在表演骑马作战时，则需要另加一支铁杆插在马的背部，连同偶人的背线一起握住。铁枝木偶的双手表演特别灵活，能开扇、摇扇、撑伞、弄瓮、射箭、舞剑、打虎、写字、斟酒、旋瓶、烧香、点烛等，动作精细，为群众所喜闻乐见。

铁枝木偶

鱼灯

鱼灯通常为鲤鱼造型，是用竹篾绑扎、糊裱白纸绘制而成，内置蜡烛。鱼灯全长约 1.2 米，直径为 40 ~ 50 厘米，具有可灵活转动的鱼头、鱼身、鱼尾三部分。人们常以村组队舞鱼灯，规模大小不等，少则十几人，多则上百。舞鱼灯有“鲤鱼摆尾”“鲤鱼戏水”“双鱼争食”“鱼跃龙门”等套路，表演还有方阵、一字长蛇阵、八卦迷魂阵等队列变化。

鱼灯

六 保护区管理

（一）完善保护区基础设施建设

嵛山镇党委、政府高度重视海岛公共设施建设，不断加大投资力度，逐步完善各项设施建设。目前全镇拥有较完备的渔港体系和环岛交通路网。岛上建有 1 座二级渔港码头、3 座陆岛交通码头、4 座三级渔港码头，进出岛交通便捷，有固定航班轮渡和旅游快艇；全岛现有芦竹村至东角村约 11 千米长的水泥硬化公路，实现村村道路互通。

岛上水、电、通信等设施一应俱全，逐步与城市接轨。岛上有老年人活动中心 3 座、文化活动中心站 1 座、农家书屋 3 处、青少年校外体育活动场所 1 处，较好地丰富了群众的业余生活。

（二）保护生态环境持续稳定发展

福鼎市林业局已在嵛山镇开展森林培育 0.13 平方千米，投入资金累计 1 000 多万元，用于恢复嵛山岛的植被生态及其景观功能。

福建福瑶列岛国家级海洋公园风光

长乐国家级海洋公园

CHANGLE GUOJIAJI HAIYANG GONGYUAN

长乐国家级海洋公园

一 保护区名片

地理位置	福建省福州市长乐区漳港海蚌湾沿岸
地理坐标	25°51′ ~ 25°55′N, 119°36′ ~ 119°40′E
级别	国家级
批建时间	2012 年 12 月
面积	陆域面积 1.74 平方千米，海域面积 22.7 平方千米
保护对象	闽江河口湿地的滩涂、水域、动植物资源及其生态环境，漳港海蚌资源及其生态环境，文化保护（显应宫）
关键词	鱼米之乡、黑脸琵鹭
资源数据	国家一、二级重点保护鸟类 38 种，中日协定保护鸟类 118 种，中澳协定保护鸟类 52 种；海洋鱼类约 700 种，其中经济鱼类上百种，虾、蟹类 100 多种

二 保护区概况

长乐国家级海洋公园是2012年12月批准建立的海洋类型特别保护区。保护区位于福建省长乐市，岸线长度约为10.2千米，总面积24.44平方千米，其中陆域面积1.74平方千米，主要为显应宫所在区域，海域面积22.7平方千米。

海洋公园内划分为重点保护区和适度利用区2个功能区。其中，重点保护区位于漳港湾南侧海域，主要为海蚌资源增殖保护区，面积共10.87平方千米，占海洋公园面积的44.48%；适度利用区为漳港显应宫及漳港湾北侧海域，面积约13.57平方千米，占海洋公园面积的55.52%，是长乐国家级海洋公园体现“公园”功能的主要区域，其建设又可分为海洋文化广场（1.74平方千米）、滨海休闲区（2.56平方千米）和水上活动区（9.27平方千米）。海洋公园设计10个重要节点为显应宫建筑文物古迹、海洋文化广场、温泉度假村、渔人码头、风情休闲沙滩、海蚌研发基地、农业生态园区、台海西岸交流文化园、避风渔港休闲区、特色海鲜街等。

三

功能分区图

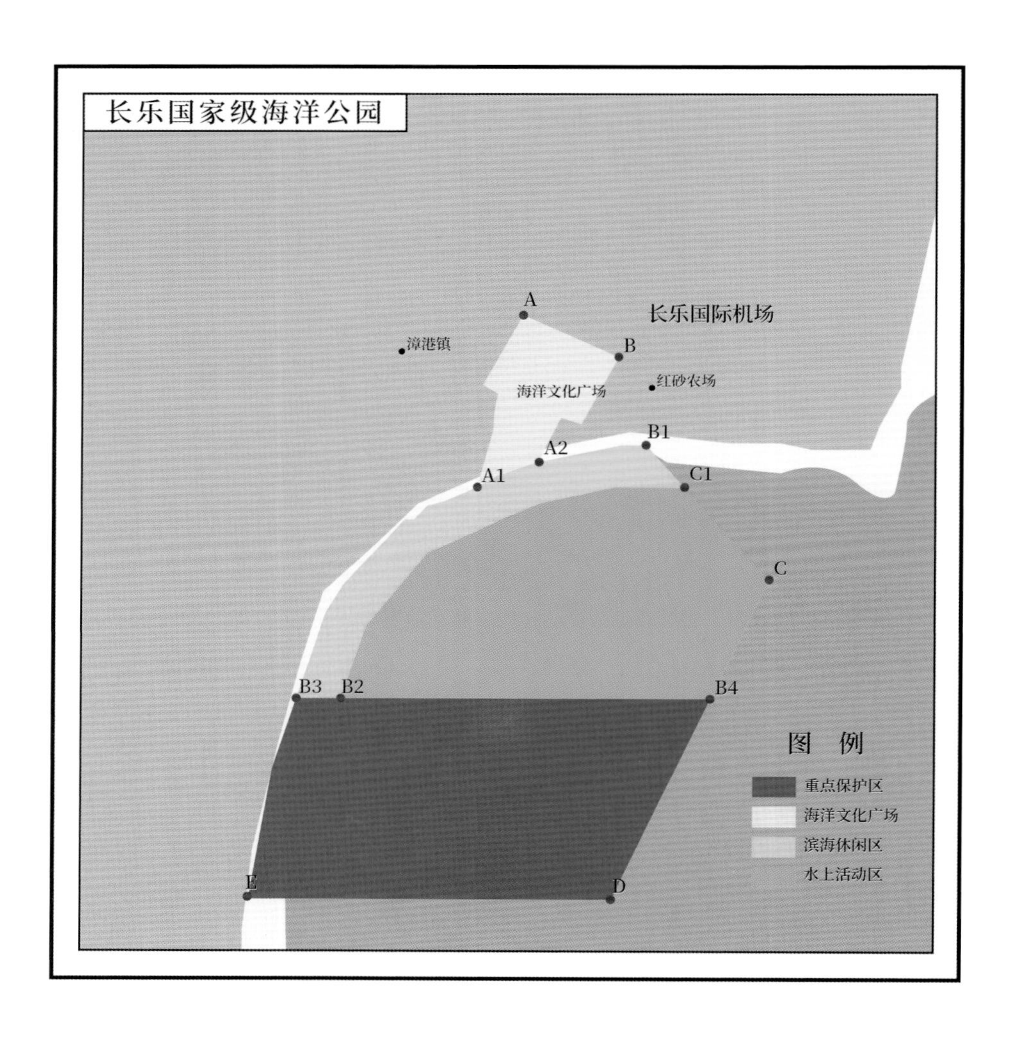
长乐国家级海洋公园
A
长乐国际机场
漳港镇
B
海洋文化广场
红砂农场
B1
A2
A1
C1
C
B3
B2
B4
图例
重点保护区
海洋文化广场
滨海休闲区
水上活动区
E
D

代表性资源

（一）动物资源

黑脸琵鹭

学　名	*Platalea minor*
中文别称	黑面琵鹭、匙嘴鹭、小琵鹭
分类地位	脊索动物门鸟纲鹳形目鹮科琵鹭属
自然分布	在我国主要分布于东北、贵州、湖南、浙江（旅鸟），台湾、福建、广东（冬候鸟），偶见于海南

黑脸琵鹭

黑脸琵鹭体形略大，全长 60 ~ 78 厘米。其嘴长且直，上下扁平，前端扩大呈匙状。额、喉、脸、眼周和眼皆为黑色，与黑色的嘴融为一体。脚也是黑色，较长，胫下部裸出。其余的身体部分呈白色，在繁殖期间，枕部会出现发丝状的黄色冠羽，前颈下部有一黄色颈圈。

黑脸琵鹭与白琵鹭极为相似，很多人常常会把它们弄混。它们在夏季繁殖期时，都会出现黄色冠羽和黄色颈圈。但实际上，黑脸琵鹭的体形比白琵鹭稍小一些，黑脸琵鹭的嘴全部为黑色而白琵鹭的嘴前端呈黄色。此外，黑脸琵鹭不像白琵鹭仅有嘴的基部是黑色，其额、脸、眼周和眼等部位均为黑色，这也就是“黑脸琵鹭”的名称由来。

黑脸琵鹭

黑脸琵鹭性情娴静，常单独或呈小群悠闲地在滩涂、红树林及淡咸水交汇的基围上活动，中午前后则栖息于虾塘的土堤上或稀疏的红树林中。飞行时，其颈部和腿部伸直，有节奏地缓慢拍打着翅膀，姿态平缓而优美。它们通常在白天觅食，主要以小鱼、虾、蟹、昆虫、小型软体动物为食。觅食时，它们会将铲子一样的长喙伸入水中，半张着嘴，一边涉水前进一边左右晃动头部进行“扫荡”，一旦捕捉到食物就把长喙提出水面，将食物吞食。

黑脸琵鹭的繁殖期为 5 ~ 7 月，但它们在 3 ~ 4 月就迁徙到达繁殖地区，常是两三对一起在水边悬岩上或水中小岛上营巢。通常，当鸟儿开始筑巢的时候，就说明它们的配偶关系已经确立。黑脸琵鹭会严格执行“一夫一妻”制，夫妻关系极为稳定。它们边筑巢，边相互亲热，如胶似漆。黑脸琵鹭每窝产卵 4 ~ 6 枚，卵呈长卵圆形，白色但具浅色斑点。经过大约 35 天的孵化期，全身被有绒羽的雏鸟出生了，它们除眼周外的脸面均不呈黑色。在育雏期间，亲鸟会捕捉贝类、小鱼、小虾等食物来饲喂雏鸟，一个月后幼鸟即能离巢初飞，与亲鸟一起活动，练习捕食等。待幼鸟长大以后，在 10 ~ 11 月便随亲鸟离开繁殖地，前往越冬地。

（二）植物资源

银杏

银杏

学　　名	*Ginkgo biloba*
中文别称	白果树、鸭脚树、公孙树
分类地位	裸子植物门银杏纲银杏目银杏科银杏属
自然分布	在我国广泛分布，主要集中在中部地区

银杏为落叶大乔木，胸径可达 4 米。幼树树皮近平滑，浅灰色，大树树皮为灰褐色，具不规则纵裂，较粗糙。银杏是裸子植物中唯一一种阔叶落叶乔木，叶子呈扇形，为二分裂或全缘，叶脉和叶子平行，无中脉。在一年生枝上，叶螺旋状散生；在短枝上， 3 ~ 8 片叶呈簇生状。幼年及壮年树冠呈圆锥形，老则为卵形。枝近轮生，斜上伸展（雌株的大枝常较雄株开展），一年生的长枝为淡褐黄色，二年生以上变为灰色，并有细纵裂纹；短枝密被叶痕，黑灰色，短枝上亦可长出长枝；冬芽黄褐色，常为卵形，先端钝尖。

银杏寿命长，中国有多株 3 000 年以上的古树。银杏适于生长在水热条件比较优越的亚热带季风区黄壤或黄棕壤。银杏生长初期生长缓慢，蒙蘖性强。雌株一般在 20 龄左右才开始结实，500 龄的大树仍能正常结果。一般 3 月底开始展叶，4 月上旬至中旬开花，9 月底种子成熟，10 月底开始落叶。

银杏的球花为雌雄异株，生于短枝顶端的鳞片状叶的腋内，呈簇生状。雄球花为柔荑花序状，下垂，雄蕊排列疏松，具短梗，花药常 2 个，长椭球形，药室纵裂；雌球花具长梗，梗端常分两叉，每叉顶生一盘状珠座，胚珠着生其上，通常仅一个叉端的胚珠发育成种子。雄花花粉萌发时仅产生 2 个有纤毛会游动的精子。

桫椤

桫椤

学　名	*Alsophila spinulosa*
中文别称	树蕨
分类地位	蕨类植物门真蕨纲桫椤目桫椤科桫椤属
自然分布	在我国主要分布于西南、华南

桫椤是远古草食性恐龙的主要食物，也是世界上现存古老的树种之一，被誉为“活化石植物”。桫椤是一种树型蕨类植物，主干单一，高达 6 米，叶聚生枝顶，外形像一把大伞。叶柄和叶轴粗壮，有密刺。叶片大，三回羽裂。孢子囊群生于小脉分叉处，囊群盖近圆球形。

因桫椤孢子需要在湿润的环境才能萌发成配子体，否则会造成桫椤的繁殖障碍，所以常可在林下沟谷、溪边及灌木丛等温暖湿润环境发现桫椤。

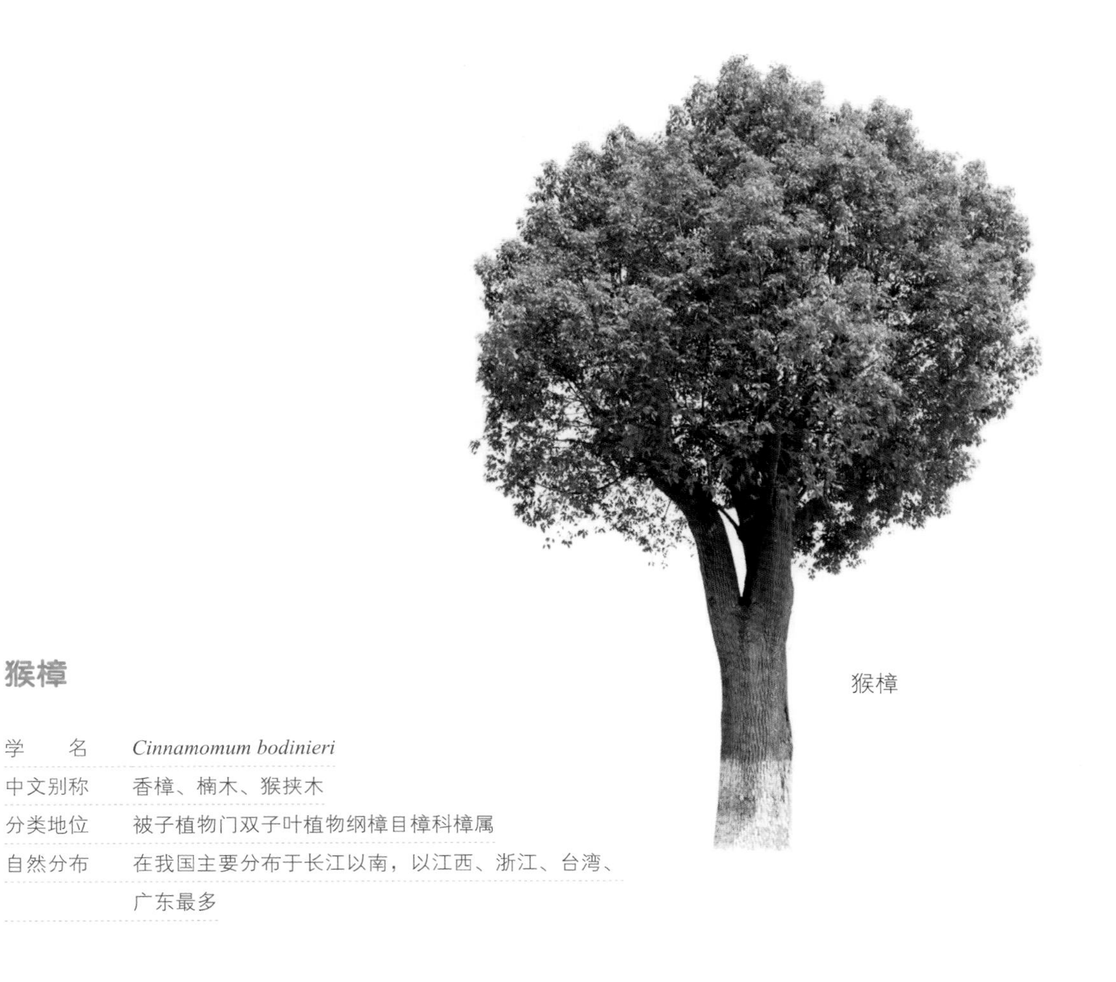
猴樟

猴樟

学　名	*Cinnamomum bodinieri*
中文别称	香樟、楠木、猴挟木
分类地位	被子植物门双子叶植物纲樟目樟科樟属
自然分布	在我国主要分布于长江以南，以江西、浙江、台湾、广东最多

猴樟为常绿大乔木，树皮为灰褐色，枝条呈圆柱形，嫩时具棱角。叶互生，呈卵圆形，上表面幼时有极细的微柔毛，老时则无毛，下表面苍白，密被绢状微柔毛，中脉在上表面平坦，在下表面则凸起。圆锥花序在幼枝上腋生或侧生，花为绿白色，梗丝状，被绢状微柔毛。

猴樟喜光，喜温暖湿润气候，不耐寒冷，是我国亚热带常绿阔叶林的重要树种，主要分布于我国长江以南区域，多生于低山的向阳山坡、丘陵，多在海拔 600 米以下，但在台湾中北部海拔 1 800 米处的高山还有猴樟天然林的分布。猴樟能在肥沃湿润的酸性或中性黄壤、红壤中生长，但不耐干旱瘠薄及盐碱土壤。此外，猴樟还能抵抗二氧化硫、臭氧、烟尘等污染，能有效吸收多种有毒气体。

油杉

油杉

学　名	*Keteleeria fortunei*
中文别称	松梧、杜松、海罗松
分类地位	裸子植物门松柏纲松柏目松科油杉属
自然分布	在我国主要分布于东南沿海地区，向西分布于广西南部海拔较低的山区

油杉为乔木，皮粗糙，呈暗灰色，纵裂。枝条开展，树冠为塔形；叶呈条形，在侧枝上排成两列，先端圆而基部渐窄，上表面为光绿色，无气孔线，下表面呈淡绿色，沿中脉每边各有 12 ~ 17 条气孔线。幼枝或萌生枝的叶先端有渐尖的刺状尖头。球果为圆柱形，由绿色或淡绿色转变为淡褐色或淡栗色即是成熟。中部的种鳞一般为宽圆形或上圆下楔形，长 2.5 ~ 3.2 厘米，宽 2.7 ~ 3.3 厘米。

油杉为喜光树种，喜暖湿气候，多分布于海拔 500 米以下的低山丘陵阔叶林中。作为深根性树种，油杉对土壤适应性广，耐干旱瘠薄，在酸性山地土壤和钙质土上生长良好。通常采用播种繁殖，20 多天即发芽出土。油杉苗期喜光，但在 7、8 月间需短期遮阴。油杉萌芽力极强，亦可用萌芽恢复成林。

（三）旅游资源

显应宫

显应宫位于福州市长乐区漳港街道，可分为地下古宫和地面新宫两部分。地下古宫为二进结构，坐北朝南，四周保存有土筑和石砌的围墙，其内共有 5 个神台，分别供奉不同的神像。地面新宫建筑面积为 1.5 万平方米，主体建筑坐北朝南，依次建有牌坊、山门、将军殿、观音阁、天后宫、大王殿。

显应宫

历史人文

（一）历史故事

长乐见证郑和下西洋

明永乐至宣德年间（1405 ~ 1433），郑和奉命率领庞大舟师，先后七次下西洋，拉开了世界大规模航海活动的序幕，创造了世界航海史上的伟大奇迹。无论是起于南京宝船厂还是始于太仓刘家港，船队都曾多次驻泊于福建长乐太平港，短则二三月，长则近一年。船队在此集结，整编训练，祭祀海神，以待东北季风来临之时扬帆开洋。长乐至今还有不少郑和留下的珍贵遗迹。

圣寿宝塔

圣寿宝塔，位于福州市长乐区，又称“三峰塔”“南山塔”“郑和塔”，塔身二层南向方匾镌刻“圣寿宝塔”四字。据塔顶石刻记，宋绍圣三年（1096）始建。塔身石构为八角七层，仿楼阁建筑，高 27.4 米，塔壁上刻有佛教故事的精美浮雕。塔的结构稳固匀称，虽经多次地震，仍巍然矗立。此塔是研究宋代建筑和石雕艺术的珍贵实物，现为全国文物保护单位。

（二）风土人情

漳港海蚌

西施舌个体大、肉质脆、味道鲜美，为珍贵的食用贝类，以长乐漳港一带为主要产地，故又称“漳港海蚌”，在海蚌品种中最优。《本草纲目拾遗》中记载，西施舌“润脏腑，止烦渴”。20世纪80年代初，闽菜大师强木根与强曲曲共创出特级菜肴“鸡汤氽海蚌”。自此，漳港海蚌声名远播，成为国宴和各地高档饭店的特供海产品。

保护区管理

（一）加强海洋综合管理

建立各部门协调、合作的高效管理运行机制，突出海洋公园管理处的领导和协调职能。

（二）建立完善管理制度

加强海洋公园内资源保护和环境开发项目的监督管理。做到有法可依，有法必依。

（三）实施资源有偿使用

运用经济手段促进资源的节约利用和保护增殖，保障资源环境的可持续利用与发展。

（四）提高公园管理水平

采取先进的科学技术手段，提高海洋公园的信息化管理水平。建立海洋公园资源环境信息管理系统，实施现代化动态管理。

平潭综合实验区海坛湾国家级海洋公园

PINGTAN ZONGHE SHIYANQU HAITANWAN GUOJIAJI HAIYANG GONGYUAN

平潭综合实验区海坛湾国家级海洋公园风光

保护区名片

地理位置	平潭综合实验区海坛湾内，西临平潭海岛国家森林公园，东接台湾海峡，南至官姜澳，北含澳底湾
地理坐标	25° 16′ ~ 25° 44′ N, 119° 32′ ~ 120° 10′ E
级别	国家级
批建时间	2016 年 8 月
面积	34.9 平方千米
保护对象	滨海沙滩、海域生态环境、海岸景观和海洋文化
关键词	国家重点风景名胜区、首批国家自然遗产、千礁岛县
资源数据	自然资源丰富，有花岗岩、石英砂、明矾、黄铁、铜、高岭土等多种矿产。其中，花岗岩储量约 8 亿立方米；石英砂储量约 10 亿吨，含硅量高达 96% 以上。水生动物有鱼、虾、蟹等 679 种，其中，海水鱼类有 242 种，海水虾、蟹类有 73 种，海贝有 169 种

二 保护区概况

平潭综合实验区海坛湾国家级海洋公园是 2016 年经国家海洋局批准建立的。公园位于平潭综合实验区海坛湾，西临平潭海岛国家森林公园，东接台湾海峡，南至官姜澳，北含澳底湾，拥有边界完整、清晰可辨的滨海岸线。海洋公园规划面积 34.9 平方千米。其中，海域 34.26 平方千米，占总面积 98.17%；陆域面积 0.64 平方千米，占总面积 1.83%。海洋公园内分布有塔屿、青屿、龟模屿、官屿、蛇屿、鹭鸶岛、大营屿、金屿仔、小营礁和白礁头等岛礁。

三

功能分区图

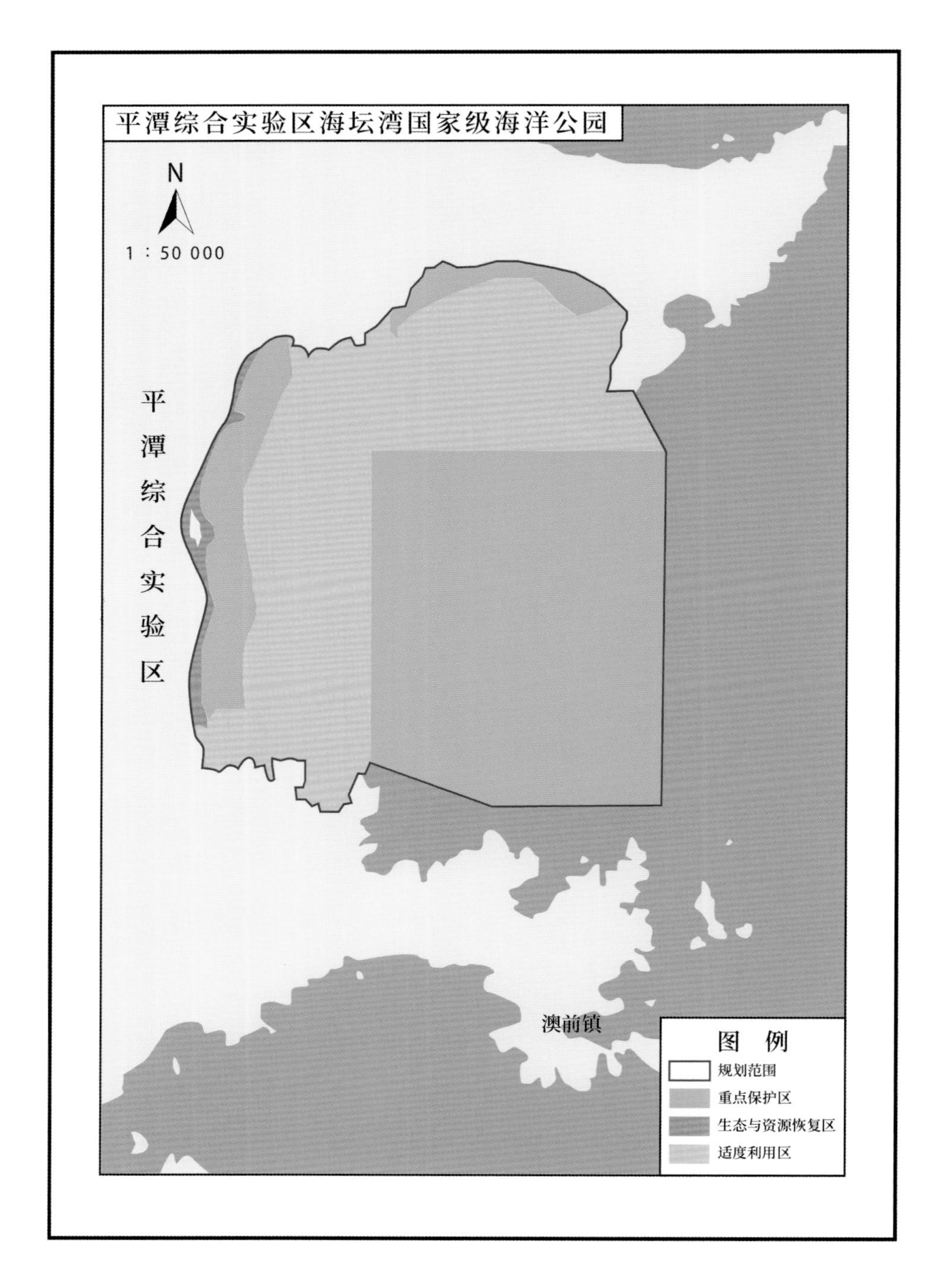
平潭综合实验区海坛湾国家级海洋公园
N
1：50 000
平潭综合实验区
澳前镇
图例
规划范围
重点保护区
生态与资源恢复区
适度利用区

代表性资源

（一）动物资源

文蛤

文蛤

学　名	*Meretrix meretrix*
中文别称	蛤蜊、蚶仔
分类地位	软体动物门瓣鳃纲帘蛤目帘蛤科文蛤属
自然分布	在我国沿海广泛分布

文蛤为中型贝壳，主齿加上前侧齿有 3 个。双闭壳肌。壳斜卵圆形，质坚实。贝壳前、后两侧不等，壳顶位于背缘的前方，由壳顶向前方的距离约占贝壳全长的 1/3。贝壳前端钝圆，腹缘亦圆，后端瘦弱、略尖。背缘往前方弯曲，往后方斜长。贝壳表面具有黄棕色的环带或锯齿状的线纹，花纹变化很大，锃亮有光泽。壳内面白色，后缘褐色。小月面卵圆形，界线不甚清晰。楯面界线不清楚。韧带黄棕色，突出壳面。

厚壳贻贝

厚壳贻贝

学　名	*Mytilus unguiculatus*
中文别称	壳菜、淡菜
分类地位	软体动物门瓣鳃纲贻贝目贻贝科贻贝属
自然分布	在我国主要分布于黄海、渤海、东海

厚壳贻贝的摄食与其他双壳类软体动物一样，只能被动地从流经身体内部的水流中获取硅藻和有机碎屑等食物。

厚壳贻贝利用足部分泌的足丝进行固着。它们一般固着在岩石等硬质基底上，有的也会固着在浮筒或船底。浮筒会因此增加重量而下沉，船只也受此影响，航行阻力增大进而降低了航行的速度。当然，附着在浮筒和船底的生物不只有贻贝，还有很多其他的固着生物，如牡蛎、藤壶等。人们在船底等设施上涂布各种防污漆以阻碍固着生物附着。

厚壳贻贝为雌雄异体，其繁殖期随种类和地区的不同而不同。繁殖期间，它的生殖腺发育得十分肥大，其生殖细胞几乎充满整个外套膜。从外套膜和生殖腺的颜色就易区分出雌雄：雄性性腺为黄白色；雌性性腺颜色较深，呈橙黄色。每个母体产卵量可达 2 500 万粒，其卵子直径大约 70 微米。精子和卵子都是直接被排放到海水中，两者在海水中相遇并结合形成受精卵。受精卵发育过程中需要经历担轮幼虫和面盘幼虫等时期，大约 3 周之后便沉至海底用足爬行。之后开始分泌足丝附着在外物上，变态发育成小贻贝，此后营固着生活。

（二）旅游资源

红岩海滨山庄

红岩海滨山庄东面直临东海，中间为观音山，山上有观音神像、神龟池、宗室四合院、千年龙泉古井等特色景点，山下有海坛、七星阁、九渠沟、伴月楼、红岩客栈等。这里自然景观奇特瑰丽，人文历史景观内涵丰富，是一个融人文历史及自然景观为一体的综合性旅游景区。

红岩海滨山庄

东海仙境

东海仙境有仙人井、仙人洞、仙人谷、仙人峰、仙人柱、仙人台、仙人泉、金观音、牡蛎礁、王爷嶂谷等美丽景观。

仙人井是一个天然的海蚀洞，形如巨井，口径为 50 米，深约 43 米。在井底侧有两个洞口与大海相通，涨潮时海浪汹涌而入，井内白浪腾起，声如洪钟，甚为壮观。传说，此井乃八仙中的铁拐李为取水解渴而掘的，因掘井过深，深入龙宫，惹怒了居住于此的龙王与土地公。龙王与土地公联袂大战铁拐李，铁拐李左右受敌，一时间寡不敌众，最终驾云而逃。因打斗过程中，铁拐李将整座山打崩了三个大缺口，形似笔架，故将该山取名“笔架山”，该井取名“仙人井”。

金观音是仙境系列景观之最。夏季清晨朝阳初生时，阳光映照在离海面 30 余米高的削壁上，天然石窖内的象形赤色岩石会呈现出半浮雕状的观音菩萨形象，一时间金光四射，庄严肃穆。但这样的景观却是难得一遇，只有在特定的时刻和天气条件下才能形成，整个造景时间也仅有 1 小时，可以说是可遇不可求。

东海风光

五 历史人文

（一）民间传说

葫芦仙东庠献酒

东庠岛葫芦澳，腹大口小，形似葫芦，左右山丘伸入海中，像两个巨螯夹住宝葫芦。澳中绿水清澈，波光粼粼，传说这是葫芦仙留下的仙酒。

不知哪年哪月，一位酒仙腰系宝葫芦，漫游东庠岛，见山峦倒影，春树叠翠，鱼虾腾欢，白帆点点，以为身处蓬莱仙境，酒兴大作，喝了几口，晕晕颠颠，信步向大海走去。忽然一位美丽的姑娘迎面拦住劝阻："惊涛无情，老伯请留步。"酒仙手拍宝葫芦，哈哈大笑："我游遍五湖四海，难道还怕淹死？"姑娘说道："我知道你是葫芦仙，神通广大，但是醉后踏浪而行，难免有险，还是小心为是。"

酒仙不以为然，夸口打赌："若我被海浪打翻，甘愿献出宝葫芦，化水为酒。"言毕，酒仙继续踏浪而行，哪知道姑娘悄悄跟在他身后，洒水作弄，顿时波涛汹涌，把酒仙卷进海里，喝了几口海水。姑娘抓住他的衣领，把他拉到岸上。酒仙醒来之后，不见姑娘，只见观音菩萨站在礁石上向他微笑。酒仙这才知道，刚才观音劝阻，是出于一片好心。他信守诺言，献出宝葫芦。后来这里便被称为葫芦澳。民间相传，葫芦澳的鱼虾喝过仙酒，长得特别肥美。

（二）风土人情

藤牌操

藤牌操，是福建省平潭县的地方传统舞蹈。明代抗倭名将戚继光曾以藤牌操训练士兵，后衍变为舞，在民间广为流传。其内容多为两军对垒、互相攻守等。舞者右

藤牌操表演

手持短刀，左手拿盾牌对舞，或同持叉、棍者对打。队形有八字阵、一字长蛇阵等，还有戚继光创造的鸳鸯阵、三才阵等。以打击乐伴奏为主，即怀鼓、京鼓、大锣、小锣、大钹、小钹，并配以唢呐曲牌，曲调明快，表现出强烈的战斗气氛。演变为舞蹈之后，舞路程序共有六阵，六阵之后即为单打、双打、三打，最后以藤牌手舞狮祝捷结束。

藤牌操的最佳表演年龄为二三十岁，阵容越大，演出气势越磅礴。可如今，由于老队员们年纪已大，又缺乏新人加入，和其他非物质文化遗产一样，藤牌操陷入了青黄不接的困境，需要培养出新一代传人，将藤牌操传承和发扬光大！

平潭闽剧团

平潭闽剧团诞生于 1943 年，名为“抗日前哨闽剧团”，后几经更名，以“平潭闽剧团”定名至今。在烽火连天的抗日岁月里，平潭闽剧团曾是抗日的精神后备军，以文艺表演激励群众的抗日斗志。之后，平潭闽剧创作表演产量持续增长，获奖无数。据统计，1952 ~ 1955 年，平潭闽剧团演出现代戏 74 本、传统戏 151 本，参加省、市、专区会演剧目共 19 本，创作、改编剧目 52 本，这无疑是平潭闽剧团发展历史上的黄金时期。改革开放以后，平潭闽剧团的发展成绩突出，不仅多次进京演出，还屡次获得文化部“文华奖”、中宣部“五个一工程奖”以及“曹禺戏剧奖”“田汉戏剧奖”等国家级大奖。

平潭闽剧表演

平潭冬节

冬至又称冬节。过冬节时，平潭民间会进行两项重要活动——祭拜祖先和“搓圆”（做冬节圆）。这两项活动都在冬至前一天进行。先是祭拜祖先，晚餐过后，点上红烛，摆上红橘，家中男女老幼便围坐一起搓圆，圆有糯米甜圆和薯粉咸圆两种。旧时搓前需放鞭炮，并在簸箕圈边缘插上时花（旧称“瓷官人”），还得搓几粒染红的小圆，待次晨煮熟后粘在门框两边及猪背鬃毛上，寓意着“合家平安、五谷丰登、六畜兴旺、万事如意”。搓好圆后一般留至冬节早晨才煮，放过鞭炮之后，一家人吃圆当早餐。平潭有些地方沿袭福清习俗，新嫁女儿的人家在第一年冬节应给女儿、女婿送冬节花和红橘，俗称“搓圆花”。新丧的人家冬节不搓圆，邻居或亲友会赠送奇数粒的圆，丧家则回赠食糖。

保护区管理

保护区制定了各项具体可行的规章、管理细则，组建高效、高素质管理队伍和管理机构，使海洋公园内生态环境和各种旅游资源得到有效保护和利用，完善各类人群休闲度假需求的基础设施，提供优秀旅游服务，打造海洋文化突出的世界级休闲度假旅游重点区。

（一）建立管理机构，设立规章制度

成立了平潭综合实验区海坛湾国家级海洋公园管理机构，建立统一的管理平台协调各部门关系。建立一套较为完善的信息公开系统，以保障规划落实的科学合理高效性。依法查处违反规划建设管理规定的行为。

（二）开展基础调查，建立监视系统

开展自然环境、资源类型的基础调查，整治海滨浴场环境。建立园区内环境资源的监测系统，对园区内的自然环境和资源进行基础性调查，掌握园区的资源现状，并依据园区的相关保护法规进行有效管理。

（三）更新基础设施，进行综合防治

更新和完善园区内的基础设施，对已遭破坏和存在安全隐患的部分进行综合防治。

（四）推动宣传工作，努力提升影响

平潭已举行了国际沙雕节、平潭海岛民俗文化节、国际自行车大赛、马拉松赛、国际风筝冲浪节、横渡海峡公开赛和国际垂钓比赛等一系列活动。这些活动从深度和广度上凸显了海洋公园的景色魅力，加之媒体宣传，海洋公园在国内外的知名度和影响力不断提升。

湄洲岛国家级海洋公园

MEIZHOUDAO GUOJIAJI HAIYANG GONGYUAN

湄洲岛国家级海洋公园

一 保护区名片

地理位置	福建省莆田市湄洲岛东南部海域，距离莆田市中心 42 千米
地理坐标	25° 01′ 37.16″ ~ 25° 06′ 37.11″ N，119° 03′ 55.36″ ~ 119° 11′ 24.45″ E
级别	国家级
批建时间	2012 年
面积	69.11 平方千米
保护对象	湄洲岛上的妈祖祖庙、红树林、沙滩资源，以及赤屿山、小碇屿无居民岛周边 3 海里海域内的中国鲎、杂色鲍、双线紫蛤、长毛对虾及其生态环境
关键词	南国蓬莱、东方麦加
资源数据	—

二 保护区概况

2012 年国家海洋局批准设立湄洲岛国家级海洋公园，范围包括湄洲岛陆沿海和周边海域的环形区域，总面积 69.11 平方千米，其中重点保护区 6.92 平方千米，适度利用区 61.10 平方千米，预留区 1.09 平方千米，含无居民海岛 12 个。湄洲岛拥有独特的历史文化——妈祖文化，是妈祖文化圣地，妈祖信俗已入选世界人类非物质文化遗产代表作名录。湄洲岛是生态旅游胜地，拥有东南沿海最优质的滨海旅游资源，拥有金色沙滩、海蚀地貌奇观以及各类风景名胜 30 多处，是国家 4A 级旅游景区。湄洲岛也是对台交流基地，湄台两地人民以妈祖文化为感情纽带，不断深化交流交往。

功能分区图

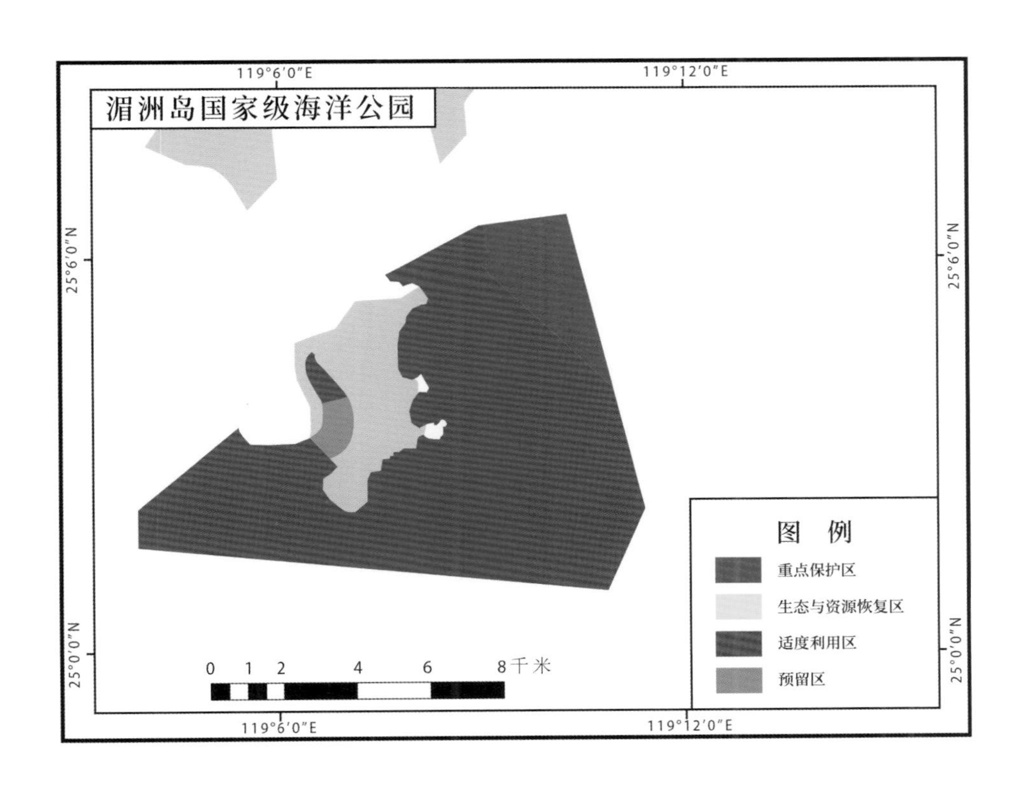

四 代表性资源

（一）动物资源

杂色鲍

杂色鲍

学　名	*Haliotis diversicolor*
中文别称	九孔螺、九孔鲍
分类地位	软体动物门腹足纲原始腹足目鲍科鲍属
自然分布	在我国主要分布于东南沿海、海南岛及广东的硇洲岛等海域

杂色鲍呈椭圆形，贝壳坚厚。其螺旋部极小，具 3 个螺层，缝合线浅；体螺层极宽大，几乎占据贝壳全体；壳顶钝，略高于体螺层的壳面。第 2 螺层中部至体螺层边缘分布有连续的突起和小孔，前端突起小而不显著，末端 8 ~ 9 个大，且开孔和内部相通。突起和小孔形成的螺肋区将体螺层分成上下两部，上部较宽大，呈一倾斜面；下部窄小，前端与上部略垂直。壳面绿褐色，生长纹呈一条条极明显的肋状条纹；贝壳内面为白色，具彩色光泽。壳口呈椭圆形，几乎与体螺层大小相等。体柔软，头部各具 1 对细长的触角和有柄的眼，其腹面有吻，内具颚片和舌齿。足宽大，可分为上、下两部，上足覆盖下足，边缘生有多数小触手，从贝壳上的小孔伸出。

长毛对虾

长毛对虾

学　　名	*Penaeus penicillatus*
中文别称	白虾、明虾、红尾虾
分类地位	节肢动物门甲壳纲十足目对虾科对虾属
自然分布	在我国主要分布于黄海和渤海

长毛对虾体色呈淡棕黄色，额角上缘具 7 ～ 8 齿，下缘具 4 ～ 6 齿，额角脊上具断续的凹点，其后脊延伸至头胸甲后缘附近，不具中央沟。第一触角鞭稍长于头胸甲，雄虾第三颚足末节具有毛笔状的长毛。

长毛对虾的个体生命周期一般只有一年，少数能达到两年。长毛对虾的一生需要经历受精卵、无节幼体、溞状幼体、糠虾幼体、仔虾、幼虾、成虾七个不同的发育阶段。每一个发育阶段对外界环境条件的要求不同，不同发育阶段的个体也表现出不同的生态类型。

长毛对虾的食性很广，其饵料种类和食物组成随个体发育而变化。幼虾的食物以单细胞藻类为主，如小型硅藻、甲藻等，偶尔也摄食其他动物的幼体和有机碎屑。这个时期的长毛对虾喜欢聚集在浅海内湾及河口附近觅食。随着个体增长，幼虾开始前往较深的水域栖息，其食物组成也逐步丰富，开始转变为以动物为主的食性。

每年秋末冬初，水温开始下降，长毛对虾逐渐游向较深的海区，此为越冬洄游。到了来年清明前后，随着水温的升高，长毛对虾开始从越冬海区游向内湾、河口等近岸海区索饵并且产卵，此为产卵洄游。这是长毛对虾对生态环境适应的结果，这使得其种群可在有利条件下存活和繁衍。

（二）生态资源

红树林

红树林

红树林是指分布于热带、亚热带海岸陆地与海洋交界处，受到潮水周期性浸淹，以红树植物为主的常绿灌木或乔木组成的潮滩木本植物群落。红树林生长于海陆交界的滩涂浅滩，是陆地向海洋过渡的特殊生态系统。

红树植物在长期适应潮间带环境的过程中演化出了一系列特殊的生态和生理特性。红树植物的主干一般不会无限增长，而会从枝干上长出密集的支持根，这些支持根牢牢扎入泥滩，使红树植物可以在海浪的冲击下安然无恙。此外，从根部长出的指状气生根露出海滩地面，在退潮或被潮水淹没时，可用以呼吸，故称“呼吸根”。胎萌则是红树植物的另一独特的适应现象。当其果实成熟后会留在母树上，并迅速长出25 厘米左右的胚根，待果实从母体上脱落，胚根便插入泥滩中扎根长出新个体。而在不具胚根的种类中，则具有另一种胎萌现象，如桐花树和白骨壤的胚，在果实成熟之后发育出幼苗的雏形，一旦脱离母树就能迅速生根发芽。在生理方面，红树植物也具有很多特殊之处，如泌盐现象。某些红树种类的叶肉内具有泌盐细胞，能把叶内的含盐液体排出，干燥之后在叶面出现白色的盐晶体。这种泌盐现象多出现在薄叶片的种类上，如白骨壤、桐花树等。不泌盐的种类往往具有肉质的厚叶片以适应高盐度的环境。但即使是同一种红树植物，叶片的厚度也不是确定的，一般生长在潮间带较下部的叶片较厚，高潮线以上的叶片则较薄。

红树林里的动物种类丰富，鱼、虾、贝、藻均有，浮游生物尤其繁盛。常见的藻类的根管藻、角毛藻、圆筛藻、辐杆藻等浮游藻类，浮游动物则有纤毛虫、轮虫、桡足类、枝角类等多个类群。浮游生物的繁盛得益于红树林内枝叶等残落物的分解，随之而至的是浅海鱼、虾、贝在红树林带的出没。

除了以上生物，红树林中还有各种鸟类，多属于水鸟，也有一部分是陆栖鸟类。在发育良好的红树林中还会偶现野猪、狸类及鼠类等小型哺乳动物。红树林也是某些蜂类、蝇类和蚂蚁等的栖息地，这些生物对红树植物的传粉和受精有一定的正向作用。

作为红树林群落中的主要生产者，红树植物促进了碎屑食物链的发展。其花、叶和枝条凋落，被泥水中的微生物分解，为红树林中的许多动物提供营养。

红树林风光

湄洲祖庙

（三）旅游资源

湄洲祖庙

湄洲祖庙又称湄洲妈祖庙，被誉为全世界妈祖信众的圣地。为了满足广大妈祖信众的需求，1997 年由清华大学设计的湄洲祖庙南轴线工程动工。南轴线工程现已建成寝殿、敕封天后宫殿、庑房、献殿、钟鼓楼、山门、牌坊、天后广场、天后戏台等建筑，气势恢宏，庄严肃穆。

湄屿潮音

湄屿潮音景区地处湄洲岛北端。该景区有独特的风蚀和海蚀地貌，在潮汐浪涌的作用下，其发出的声音如管弦细响又似钟鼓齐鸣，故得“湄屿潮音”一名。该景区拥有大小景点共计 20 多处。其中，“天狗吠日”“苍鹰戏鼠”“雏燕展翅”等形象生动，“群英赴会”“南天一柱”“石涛仰止”等气势磅礴。

天妃故里

天妃故里遗址公园位于湄洲岛北部，毗邻湄洲祖庙景区。现已建成大牌坊、盼归亭、平安塔及妈祖源流博物馆等景观设施。其中，妈祖源流博物馆内保存有诸多妈祖生平相关的重要文物。该景点融合了妈祖文化、自然景观、园林艺术等要素，游人徜徉其中，可感受妈祖文化神韵，沐浴妈祖精神。

莲池澳沙滩

莲池澳沙滩位于湄洲岛东面。这里有洁净柔软的沙滩；有种类繁多的海边娱乐设施和项目，如帐篷休闲区、海钓平台、沙滩越野车、骆驼和大马等；有各种各样的湄洲美食与特色饮品；还有一年一度的风筝节、沙雕节和音乐节。

莲池澳沙滩风光

五 历史人文

（一）民间传说

妈祖传说

相传，妈祖名为林默，人称林默娘，生于宋建隆元年（960）三月廿三，逝于宋雍熙四年（987）九月初九。因她出生至满月期间未见啼哭，所以她的父亲给她取名单字“默”。林默娘8岁诵经，10岁释文，13岁学道，16岁踩浪渡海，精医术，识气象，通航海，可谓聪颖好学。

妈祖像

在短暂的一生中，林默娘为邻里友人和过往商贾做了许多好事，更是常于风浪中救助遇险渔民。林默娘28岁时，在湄洲岛湄屿峰归化升天，终生未嫁。人们感念她行善积德、救苦救难的精神，当年就在湄洲峰“升天古迹”旁立庙奉祀以表纪念，并尊她为海神灵女、龙女、神女、妈祖等。宋徽宗时封妈祖为“顺济夫人”，这是朝廷对妈祖的首次褒封。此后的历代朝廷敕封她为“天妃”“天后”“天上圣母”等。在秀峰奇石、幽洞静林映衬之下，湄洲祖庙愈发巍峨壮观，那巍然屹立的妈祖雕像，面朝大海，雍容慈祥。“立德、行善、大爱”的妈祖精神，将时时激励世人。

（二）风土人情

点烛山

人们用铁或木头制成高低不等的排架，在排架上间隔装上竹夹用以插烛。每年的正月二十九晚上，每个信徒会献上一对龙凤烛，点燃之后，排架远看似一座烛山，就像是妈祖在海上显神光。信徒需要记住插烛的位置，待烛烧至一两寸时，再将火熄灭，带回家中继续点燃烧尽，以示瑞兆临门，祈祷全年平安。

点烛山

九重米粿

每年农历九月初九，莆田人会用米浆和配料蒸制九重米粿。先蒸第一层，然后再蒸第二层……连续九层，即蒸成九重米粿。传说因为妈祖殁于九月初九，所以人们用九重米粿敬奉妈祖，同时又可将其作为重阳登高野游的食品。

九重米粿

梳篷形髻

篷形髻

篷形髻，又称妈祖髻或船帆发髻。在湄洲岛有这样的传统：成家之后的妇女都会将头发梳成船帆的形状。梳篷形髻时需先将头发分成左、中、右三部分，将中间头发梳成发髻，依次梳左右鬓发，最后统一固定梳成船帆一样的髻。有时为了更加美观，妇女们还会在髻上插一根大缝衣针或银针并垂坠一条红线。

传说，妈祖生前也是梳船帆发式，故而湄洲岛妇女纷纷仿效妈祖，一来是表示自己的湄洲岛居民身份，二来是祈盼得到妈祖的庇护，保佑出海捕鱼的丈夫能平安归来。

妈祖平安面

妈祖平安面

妈祖平安面是到湄洲祖庙必吃的一道地方特色小吃，正所谓“不吃妈祖平安面，不算来过湄洲祖庙”。

相传，妈祖每次在海上救难后，都会给遇险者送上一碗热气腾腾的面，不但驱寒暖身，还能让人逢凶化吉，于是这种面便被称为“妈祖平安面”。平安面所用的线面细细长长，寓意着健康平安。在莆田，每逢大年初一、初五及寿宴喜庆等重要日子，都要吃妈祖平安面以求平安吉祥。

面里的配菜十分有学问。配菜必须要用紫菜，寓意“紫气东来”，以求富贵。而这紫菜还不能是平时的水泡货，必须要炸，炸得脆中带焦最好。配菜还要加上圆圆的香菇，寓意“团圆”，翠绿的荷兰豆和鲜黄的鸡蛋寓意“健康”，小巧的花生寓意“落地生根”，祈求“平安吉祥”。面条脱水之后淋上猪油，香气扑鼻。面的底汤用料同样十分讲究。要用蛏、红菇、黄花菜等熬成淡淡的红色，代表好兆头，而这独特的鲜美滋味，也让人百吃不厌。

六 保护区管理

（一）保护区机制建设

制定海洋公园各项管理制度，规范指导海洋公园的建设与管理，注重职责分工，明确绩效要求，为海洋公园建设提供强有力的制度保障。

（二）保护区设施改善

在原有500多亩红树林的基础上，启动规划建设红树林公园，创造红树林植被生长的良好环境，维护湿地生态系统的生物多样性。为拓展海洋公园的科普教育功能，投资建设海洋馆，开展科普教育与宣传工作。在环保设施上，改造建成文甲、宫下2个生态停车场，投放新能源公交车、出租车50多部，新造玻璃钢快艇3艘；坚持全方位覆盖、全天候保洁；建成日处理能力5 000吨的污水处理厂1座及配套的污水收集管网30千米。建成航标塔1座、验潮站1座、气象区域观测台6个。

湄洲岛风光

（三）保护区生态修复

为扎实推进湄洲岛生态修复示范工程建设，项目分两期 3 年实施，共投资 4 522.46 万元，其中中央财政补助 3 400 万元，地方配套 1 122.46 万元。

（四）保护区生态监管

委托莆田市海洋与渔业环境监测站定期在海洋公园内进行海洋环境监测，及时对水质、沉积物、大型底栖动物、小型浮游动物、大型浮游动物、浮游藻类等进行监测，并形成报表上报。结合城市环境卫生综合考评，每季度组织一次清洁家园行动。成立海漂垃圾清理整治工作领导小组，投入专项资金组建海上清洁队并配备 4 艘保洁船，做好海漂垃圾整治工作。注重渔业资源保护。组织开展海上水产养殖综合整治工作，着重清理违规海带、紫菜等养殖及非法电捕作业等。

福建崇武国家级海洋公园

FUJIAN CHONGWU GUOJIAJI HAIYANG GONGYUAN

福建崇武国家级海洋公园风光

 保护区名片

地理位置	位于惠安县崇武半岛的崇武镇及山霞镇辖区内
地理坐标	24° 52′ 04.326″ ~ 24° 53′ 57.168″ N, 118° 51′ 16.509″ ~ 118° 57′ 27.180″ E
级别	国家级
批建时间	2014 年 12 月
面积	13.55 平方千米
保护对象	重点保护对象为海洋生态旅游资源与人文景观
关键词	天然影棚、南方北戴河、雕艺之乡
资源数据	—

二 保护区概况

福建崇武国家级海洋公园位于惠安县崇武半岛的崇武镇及山霞镇辖区内，于 2014 年 12 月批准建立。规划区大陆岸线长 19.2 千米，总面积 13.55 平方千米。其中，陆域面积 1.53 平方千米，约占总面积的 11%；海域面积 12.02 平方千米，约占总面积的 89%。

按照规划，国家级海洋公园总面积 1.37 平方千米，包含 2 个重点保护区。一是崇武古城保护区。该保护区面积 0.41 平方千米，占海洋公园面积的 3%。崇武古城属于全国重点文物保护单位，其古城墙及古城内历史保护文物等为重点保护对象。二是崇武海蚀地貌保护区。该保护区毗邻崇武石雕博览园，面积 0.96 平方千米，占海洋公园面积的 7%。崇武古城南侧发育有独特的海蚀地貌景观和岩雕群，以及重要的涉台文物——“泉州古渡”石牌坊。

该区域海域自然岸线保存完好，海蚀地貌发育较好，礁石形态各异，自然风光优美。重点保护对象为海域自然岸线、海蚀地貌、岩雕、古渡遗址、岛礁以及灯标。

由于半月湾岸滩受侵蚀严重，故该区域沿海岸线外侧 100 米范围被划定为生态与资源恢复区。修复工作主要通过调查和模拟等手段对该段沙滩冲淤的产生原因及变化情况进行分析。同时，依据该海域的水动力条件和泥沙运输模式，对受侵蚀严重的沙滩提出行之有效的防护措施，确保沙滩修复工程的进行，因地制宜地保护岸线、沙滩、滨海景观等海岸带资源。

适度利用区将规划为体现公园功能的主要区域，在未来将建成青山湾高端度假区、西沙湾水上运动区、半月湾休闲美食区、崇武海洋文化展示区、崇武海洋科普基地等人文旅游及教育功能区。

三 功能分区图

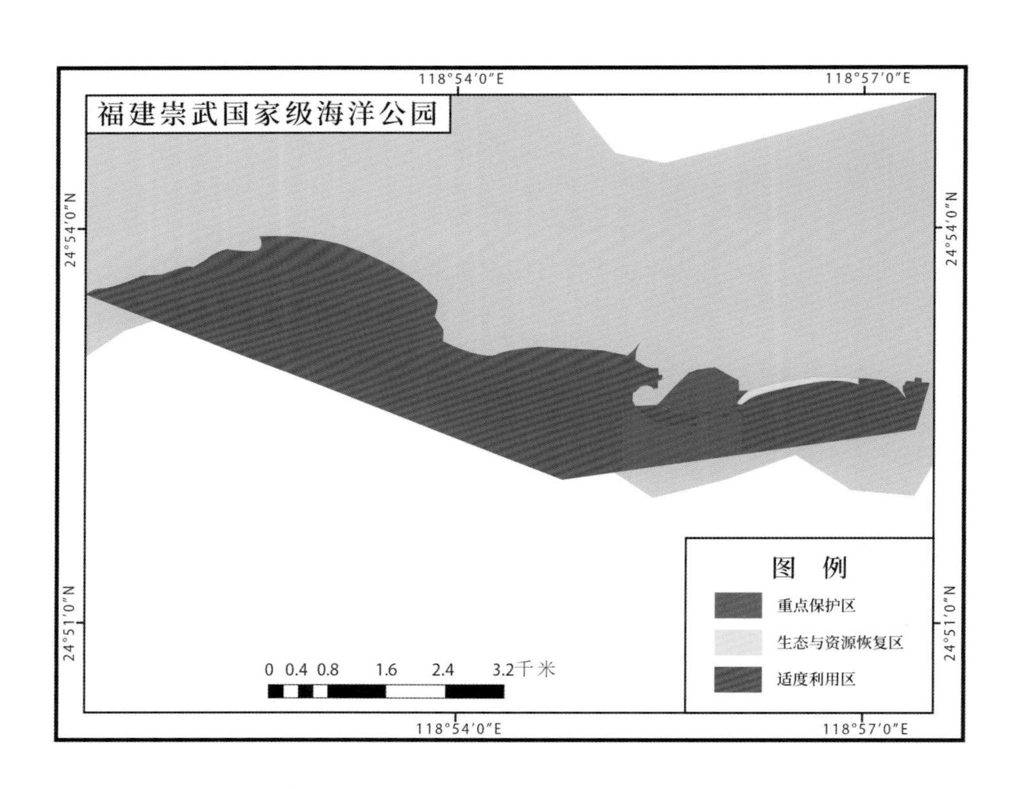

代表性资源

（一）动物资源

三疣梭子蟹

三疣梭子蟹

学　名	*Portunus trituberculatus*
中文别称	三齿梭子蟹、飞蟹、枪蟹、蠘
分类地位	节肢动物门软甲纲十足目梭子蟹科梭子蟹属
自然分布	在我国广泛分布于辽宁、河北、天津、山东、浙江、福建、广东、广西等地沿海

三疣梭子蟹特征十分明显，头胸甲呈梭形，两端尖尖如同织布梭，和其他梭子蟹一样。此外，它的背甲上还具有 3 个显著的疣状突起，分别有 1 个在胃区、2 个在心区，故被命名为三疣梭子蟹。三疣梭子蟹的两前侧缘各具 9 个锯齿，两侧的第 9 锯齿特别长，向左右延伸。额缘具 2 ~ 6 枚小齿，额部两侧有一对能转动的带柄复眼。胸足 5 对，螯足发达，其长节呈棱柱形，内缘具钝齿。第 4 对步足指节扁平，呈浆状，适于游泳。

不同海域的三疣梭子蟹的交配季节各异。黄、渤海的三疣梭子蟹从 4 月到初冬都能进行交配活动，福建沿海的则主要在 3 ~ 12 月。每年 4 ~ 5 月，雌蟹洄游至近岸浅海港湾或河口附近，聚集于此进行繁殖，产出的受精卵会黏附在附肢上，这种现象称为抱卵。每只雌蟹在繁殖季节能产 2 ～ 3 次卵，总数从几十万到几百万不等。刚产出的卵为黄色，2 周后变为黑褐色，孵化出来即为营浮游生活的溞状幼体，经 5 次蜕壳之后进入大眼幼体期，此时再经 1 次蜕壳即发育为幼蟹，从孵化到成蟹需要经历 20 多次蜕壳。三疣梭子蟹的生长速率很快，一般寿命为 2 ～ 3 年。

蓝点马鲛

蓝点马鲛

学　　名	*Scomberomorus niphonius*
中文别称	鲅鱼、竹鲛
分类地位	脊索动物门辐鳍鱼纲鲈形目鲭科马鲛属
自然分布	在我国主要分布于东海、黄海、渤海、台湾海域

蓝点马鲛体延长而侧扁，呈纺锤形。尾柄细长，每侧具 3 个隆起嵴，其中中央嵴长且突出，两侧则短且低。头长大于体高，口大，牙尖利而大，体被细小圆鳞，侧线呈不规则的波浪状。背鳍 2 个，胸鳍、腹鳍短小且无硬棘，背鳍与臀鳍之后具 8 ～ 9 个小鳍，尾鳍叉形。

蓝点马鲛的体背部呈黑蓝色，腹部颜色较浅，为银灰色，这种颜色称为消灭色。在自然光下的照射下，从上往下看时，鱼体背部与海水颜色一致，所以不易被敌害发现。

若是从鱼体下部往上看，鱼体腹部与天空的颜色融为一体，同样能够达到隐蔽的效果。这对于生活在海洋中上层的蓝点马鲛来说，是躲避敌害的有利条件。

（二）植物资源

石花菜

石花菜

学　名	*Gelidium amansii*
中文别称	鸡脚菜、海冻菜、红丝凤尾
分类地位	红藻门真红藻纲石花菜目石花菜科石花菜属
自然分布	在我国主要分布于台湾岛、海南岛及西沙群岛等海域

石花菜藻体色泽鲜艳，有深红、紫红或绛紫等多种颜色，生长于多光海区的石花菜多为淡黄色，整个藻体上部分枝繁密，下部分枝较为稀疏。石花菜藻体主要由皮层和髓部两部分构成。其中，皮层最外层细胞具有色素体，是光合作用的主要场所；髓部则是由数十条平行纵列的无色柱状细胞构成。

石花菜喜水清流通、盐度较高的海区，常着生于低潮带的石沼及水深 10 米左右的海底岩石上。若着生于水清流急处，可见藻体大且干净；若长于水浊流缓处，则藻体较小且常被苔藓虫附生。

石花菜具有性生殖和营养繁殖两种繁殖方式。有性繁殖是四分孢子体产生四分孢子，四分孢子发育为雌、雄配子体，分别产生雌、雄配子，雌、雄配子受精形成果孢子体，果孢子体成熟释放果孢子，果孢子萌发长成孢子体。这种繁殖方式最终是以孢子进行的，故又称为孢子繁殖。此外，石花菜还可通过匍匐根、假根和藻体再生等 3 种方式进行营养繁殖。

（三）旅游资源

崇武古城

明初，我国沿海地区屡受倭寇侵扰。为抵御倭寇，明太祖朱元璋于洪武二十年（1387）命江夏侯周德兴在福建省泉州市惠安县东南海滨建设设防，筑成崇武古城。崇武古城正好坐落于泉州湾和湄州湾之间，濒临台湾海峡，是海防的重要前线。崇武古城是我国现存最为完整的明代花岗石头城，具有很高的历史文化价值，于 1988 年被国务院列为第三批国家重点文物保护单位之一。现在的崇武古城集滨海风光、历史文物、民俗风情、雕刻艺术于一体，是名副其实的“天然影棚”，又有“南方北戴河”之称。

崇武古城

青山湾

青山湾西接青山宫，东邻崇武古城，是闽南地区最优质的海滨浴场和滨海沙滩旅游胜地。在这里，有连绵 13 千米的秀美沙滩，东西走向，坐北朝南，视野开阔。在青山湾东侧还有惠安特色村落前垵村，村内民俗风情浓郁，特色建筑保存较好，如前垵村剧院、志心寺、宗祠、哪吒三太子宫等，游客可体验当地民俗风情。

西沙湾

西沙湾位于崇武海滨，区内蜿蜒着 2 000 多米长的雪白细腻沙滩，素有“西沙银蛇”的美誉。打靶场、沙滩排球、游艇、摩托艇等娱乐项目独具吸引力，风情园大酒店、茶艺走廊、啤酒屋、购物街、美食街等休闲娱乐场所一应俱全，游客在此能够享受周到的旅游服务。

西沙湾

五 历史人文

（一）历史故事

戚继光崇武抗倭

明洪武二十年（1387），为抵御倭寇，江夏侯周德兴在崇武建造城池。明隆庆元年（1567）四月，福建总兵戚继光屯兵驻扎于此，兴修城防，演武练兵，建立起一套完整的军事制度和城防设施，自此人民得以安居乐业。倭乱平定后，崇武也成了东南沿海的重镇。清代又进行了大规模的整修，此时全城周长 2 567 米，南北长 500 米，东西宽 300 米，基宽 5 米，墙高 7 米，有窝铺 26 座，城堞 1 304 个，箭窗 1 300 个。四面均设门，东、西二门筑有月城，城墙上有烽火台、瞭望台等。城墙有 2 ～ 3 层跑马道，四城边各有一潭、一井和通向城外的涵沟。城内原建有捍寨、墩台、馆驿、军营和演武厅等，城内外建筑构成一套比较完整的军事防御体系。

（二）风土人情

惠女服饰

福建惠安沿海一带的妇女以其吃苦耐劳、勤俭持家的品质闻名遐迩。惠女虽属汉族，但其服饰却与传统的汉族服饰迥然有异。她们头披花头巾，戴金色斗笠，上着湖蓝色斜襟短衫，下穿宽大黑裤。花头巾的花大多是小朵的蓝色花，衬以白底，显得活泼、亮丽。头巾紧捂双颊，只露眉眼和嘴鼻，衬出惠女含蓄和恬静的美。

可以说，惠女服饰是实用与美观的完美结合。宽裤便于涉海，打湿易干；短衫便于劳作，挑石、补网都很方便；黄斗笠可挡炎日；花头巾可御风沙，而头巾的花卉图案和颜色增添了女性之美。惠女服饰各部分在色彩、款式、线条、图案等方面的搭配

惠女服饰

协调且恰如其分，既带传统韵味，又不失现代气息。虽历经千年发展演化，惠女服饰却风格依存，具有很强的色彩感染力，被誉为“巾帼服饰中的一朵奇葩”。

崇武鱼卷

崇武鱼卷是闽南一带的名菜，也是泉州的十大名小吃之一。崇武依海而兴，当地人多以捕鱼为生。海上危险丛生，以海为生的人可以说是时刻与危险并行。因此，在崇武人的生活习俗中，处处体现着平安顺利、圆满团聚的愿望。由此，寓意美好、圆满的崇武鱼卷应运而生。在崇武地区还盛行着“无卷不成宴”的说法，崇武鱼卷不仅是婚喜宴席头道菜，还是逢年过节的必吃菜肴。

崇武鱼卷

保护区管理

2015 年 8 月，福建崇武国家级海洋公园建设领导小组正式设立，惠安县政府主要领导人员亲任组长一职，县委、县人大、县政府、县政协的分管领导为副组长。领导小组下设办公室部门，由县政府分管领导兼任主任一职。办公室挂靠在县海洋与渔业局，具体负责日常工作。

福建深沪湾海底古森林遗迹国家级自然保护区

FUJIAN SHENHUWAN HAIDI GUSENLIN YIJI GUOJIAJI ZIRAN BAOHUQU

保护区名片

地理位置	福建晋江东南沿海
地理坐标	24° 36′ 49″ N ~ 24° 41′ 27″ N, 118° 38′ 04″ E ~ 118° 41′ 57″ E
级别	国家级
批建时间	2009 年 8 月
面积	31 平方千米
保护对象	海底古森林、牡蛎礁遗迹
关键词	泉南佛国、海滨邹鲁、峙海金狮
资源数据	具有 7 000 多年历史的出露古树 65 棵

保护区概况

福建深沪湾海底古森林遗迹国家级自然保护区地处福建晋江东南沿海，总面积 31 平方千米。其中，核心区面积 2 平方千米，缓冲区面积 5 平方千米，实验区面积 24 平方千米。

保护区主要以保护具有 7 000 多年历史的海底古森林遗迹和距今 9 000 ~ 25 000 年历史的古牡蛎礁遗迹为核心，同时保护海湾内自然地质地貌、名胜古迹和防风林带。

保护区气候类型属南亚热带海洋性季风气候。年均气温 20℃ ~ 21℃，冬季盛行偏北风，夏季盛行偏南风，气候暖热，夏长无酷热，冬短无严寒。

福建深沪湾海底古森林遗迹国家级自然保护区风光

三 功能分区图

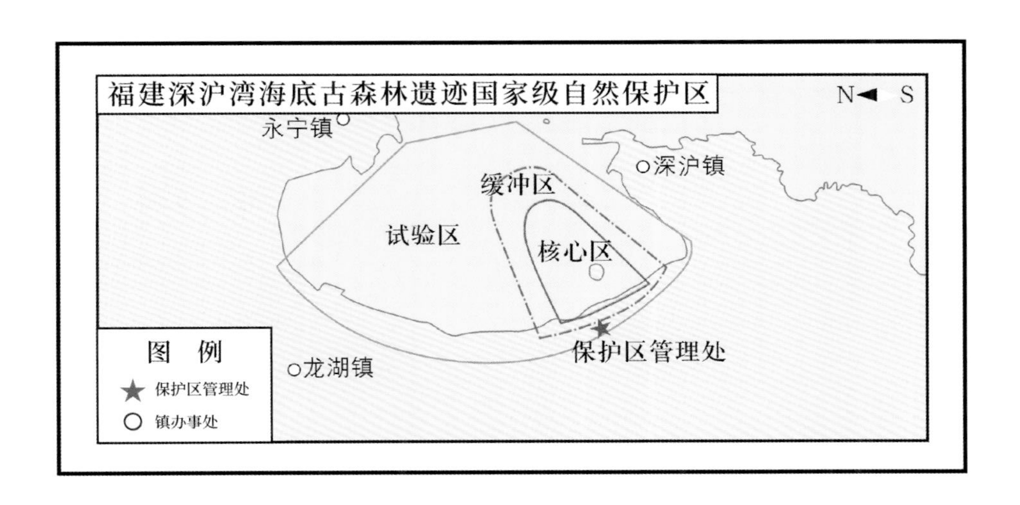

四 代表性资源

（一）动物资源

近江牡蛎

近江牡蛎

学　　名	*Crassostrea rivularis*
中文别称	海蛎子、蚝
分类地位	软体动物门瓣鳃纲珍珠贝目牡蛎科巨牡蛎属
自然分布	在我国沿海均有分布

深沪湾牡蛎礁的主要构成为近江牡蛎、长牡蛎，次为僧帽牡蛎。近江牡蛎壳呈圆形、卵圆形或三角形等。左壳凹而大，右壳扁平、略小，有灰、紫、棕、黄等色，环生同心鳞片，幼体者鳞片薄而脆，多年生长后鳞片层层相叠。壳内面白色，边缘有时淡紫色。

牡蛎是潮间带的常见生物，营固着生活，一般固着在海边的礁石或其他物体上。牡蛎生活的海底硬质区域称牡蛎床。牡蛎以开闭贝壳进行摄食和呼吸，滤食水流中的细小浮游动物、硅藻和有机碎屑等。牡蛎多雌雄异体，但也有雌雄同体者，通常在夏季繁殖。

（二）植物资源

南亚松

南亚松

学　　名	*Pinus latteri*
中文别称	枞树、海南松、海南二针松
分类地位	裸子植物门松柏目松科松属
自然分布	在国内主要分布于广东、广西、海南、福建

南亚松为乔木，高达45米，胸径可达2米；树皮厚，灰褐色，深裂成鳞状块片脱落；幼树树冠圆锥形，老则圆球形或伞状；一年生枝深褐色，无毛，不被白粉，苞片状的鳞叶在二年生枝上常脱落；冬芽圆柱形，褐色，顶端尖，芽鳞卵状披针形或披针形，边缘薄、丝状，先端渐尖，微向外反卷。针叶2枚一束，长15 ～ 27厘米，径约1.5毫米，先端尖，两面有气孔线，边缘有细锯齿；横切面半圆形，多型皮下层细胞，在表皮细胞下呈倒三角状断续分布，树脂道2个，中生于背面；叶鞘较长，长1 ～ 2厘米，紧包于每束针叶的基部，初呈红褐色，后渐变呈淡灰褐色或暗灰褐色。雄球花淡褐红色，圆柱形，长1 ～ 1.8厘米，聚生于新枝下部成短穗状。球果长圆锥形或卵状圆柱形，

成熟前绿色，熟时红褐色，长 5 ~ 10 厘米，果梗较细，长约 1 厘米；中部种鳞矩圆状长方形，长约 3 厘米，宽 1.2 ~ 1.5 厘米，鳞盾近斜方形或五角状斜方形，有光泽，上部厚，稍隆起，稍向后弯曲（尤以球果基部种鳞的鳞盾显著），下部平，横脊显著，隆起，纵脊亦较明显，并有多数纵横槽纹自鳞脐向周围辐射伸展，鳞脐通常微凹；种子灰褐色，呈卵圆状，微扁，5 ~ 8 毫米长，直径约 4 毫米。

皂荚

皂荚

学　名	*Gleditsia sinensis*
中文别称	皂荚树、皂角、猪牙皂、牙皂
分类地位	被子植物门双子叶植物纲豆目豆科皂荚属
自然分布	在我国广泛分布，如河北、山东、河南、山西、甘肃、浙江、福建、广东等

皂荚为落叶乔木或小乔木，高可达 30 米；枝灰色至深褐色；刺粗壮，圆柱形，常分枝，多呈圆锥状，长达 16 厘米，叶为一回羽状复叶。花杂性，黄白色，组成总状花序；花序腋生或顶生，长 5 ~ 14 厘米，被短柔毛。

荚果带状，长 12 ~ 37 厘米，宽 2 ~ 4 厘米，劲直或扭曲，果肉稍厚，果瓣革质，褐棕色或红褐色，常被白色粉霜；种子多颗，长球形或椭球形，棕色，光亮。花期 3 ~ 5 月；果期 5 ~ 12 月。

皂荚喜光，耐阴，常见于山坡林或谷地、路旁，平地至海拔 2 500 米均有分布。在微酸性、石灰质、轻盐碱土甚至砂土均能正常生长。皂荚属于深根性植物，具较强耐旱性，寿命可达六七百年。

造林繁殖时，树干通直、发育良好、种子饱满、没有病虫害、树龄在 30 ~ 80 年的树，往往是最佳的采种母株。每年10月进行采种，采收之后的果实放置于阳光下晾晒，晒干之后用木棍敲打，除去果皮以进行风选，最后将种子储存于干净的布袋中。皂荚种皮较厚，播种前要进行处理。大概 11 月上旬，先将种子放入水中浸泡 48 小时，之后捞出催芽，待翌年 3 月中旬开裂之后用于播种。

（三）生态资源

深沪湾古森林

深沪湾古森林主要分布在深沪湾中部的潮间带上，露出沙面 20 ~ 50 厘米。现已查明并记录在案的共 65 棵，仍有大量的古树桩埋藏于海滩之下或海湾内，无法统计。现已查明的树种主要为油杉，还有南亚松、桑树、皂荚等，均属亚热带森林树种。深沪湾古森林的古树木之大小、数量、出露条件都十分优越，是珍贵的古森林遗迹。

深沪湾古森林的古树桩

深沪湾牡蛎礁

深沪湾牡蛎礁主要分布于古森林中区和东南区之间的潮间带浅滩，与海岸线平行分布。牡蛎礁长约 400 米，宽超 100 米，并向潮下带延伸分布。

（四）地质地貌景观

石圳海岸变质岩地貌

石圳海岸变质岩地貌为平潭—南澳变质带的一部分。因其适宜的地理位置，石圳海岸变质岩完整记录了早古生代、中生代、新生代等漫长的地质历史演变和复杂的动力及热力变质作用过程，是研究该构造带出露的最佳地点。此外，由于长期受海浪和风沙作用，该变质岩区形成了复杂多样的海岸地貌现象，如浪蚀穴、风动石、象形石、风蚀壁龛等，具有重要的科研价值和科普教育意义。

保护区内还保留有沙质海岸、基岩海岸及红土海岸等海岸地貌景观。一系列沙质优良、坡度适宜的弧形海湾与基岩岬角在深沪湾到围头角之间相间分布，别具一格。

石圳海岸变质岩地貌

（五）旅游资源

晋江深沪湾国家地质公园

晋江深沪湾国家地质公园地处晋江东南沿海，从石狮的永宁到晋江的衙口、深沪，绵延数千米，绕成一片秀丽的海湾，滩面金黄开阔，景色蔚为壮观。沙滩为清一色的细纯沙粒，如银屑布地，质细坡缓，沙软潮平，海水清澈，水温宜人，是逐浪戏水和开展各类沙滩活动的优质场所。沿岸福建深沪湾海底古森林遗迹国家级自然保护区、施琅将军纪念馆、镇海宫、龙泉宫、大道公宫和烟墩山上的烽火台等自然和人文景观掩映其中。

五 历史人文

（一）历史故事

镇海宫的由来

镇海宫

镇海宫位于晋江市深沪镇华峰村。其前身是“树王公宫”，始建于元末明初，供奉树王公，神像以红杉木雕成。据传，清顺治二年（1645），海滨漂来一艘无人驾驶的木船（王爷船），村民登船视之，见船上供有十二位王爷神像，舱内有柴米油盐、“猪头五牲”等祭品。另有敕书一封，上载十二位王爷奉玉皇大帝玉旨代天巡狩民间，此十二位王爷受南明唐王敕封为代天巡狩，监察民间善恶。村民当即敬备香案供品，虔诚供奉。农历四月十八即为镇海宫“代天巡狩王爷”神诞日，每年都有数万海内外信众到镇海宫顶礼膜拜。镇海宫不论在木雕或石雕方面皆有精致表现，庙前有一水池，独具匠心，尤其是庙中波浪型的神龛和以原木雕刻一体成形的龙柱，将木雕艺术发展至极高的境界。

（二）民间传说

龙山寺传说

龙山寺，古名普现殿，又名天竺寺。因位于安海型厝村北的龙山之麓，故名龙山寺。龙山寺是千年古刹，被列为全国重点佛教寺院之一。它坐北朝南，由放生池、山门、钟鼓楼、前殿、拜亭组成。东西两侧祠庙、斋厨、禅房等鳞次栉比，疏落有致。总占地面积 4 250 平方米。

相传该地原有一巨樟，浓荫盖地，夜发祥光，时人崇之。东汉时有高僧认为这是一棵神木，于是请工匠把它雕成一尊千手千眼观音菩萨。

（三）风土人情

深沪鱼丸

深沪鱼丸是晋江的传统小吃。深沪鱼丸形状不一，有圆形、块状或鱼形。鱼丸坚韧雪白，入口柔润清脆。深沪鱼丸的制作讲究，原料也都是真材实料，选用鳗鱼、马鲛等上等鱼肉剁碎捣烂，与地瓜粉一起搅拌制成。此外，用肉骨清汤和油葱、瘦肉等配煮，香津适口，回味无穷。

深沪鱼丸

灵水菜脯

灵水菜脯产于安海灵水，相传明万历年间，乡人吴淳夫入朝为官，将灵水菜脯带至朝内分送同僚，获得好评，后进献皇帝，又博得皇帝嘉许，后行销各地，成为人们佐餐之佳肴。其主要原料为白萝卜，切成块状或条状，晒干，放入陶缸里，加适量食盐和红土，密封储存三四个月即可食用。因白萝卜种在地里约有 1/3 露出地面，露出部分接触阳光变为青色，所以称为灵水菜脯半头青。露出的部分不但变青色，而且带有辣味，吃起来更加可口。

福建深沪湾海底古森林遗迹国家级自然保护区管理处于 2004 年 7 月成立，为晋江市政府直属副处级事业单位，行政上受晋江市人民政府领导，业务上受福建省海洋与渔业厅指导。管理处下设综合科、科研科和监察科等 3 个科室。

（一）重点保护地质遗迹

古森林及古牡蛎礁遗迹是全新世构造运动和海陆变迁遗留下来的宝贵证据，不仅是该地区海面及地壳结构运动的重要依据，还是研究台湾海峡西岸的古地理、古生态、古气候变迁的重要信息。保护区的核心工作旨在保护其留存的生态环境，避免人为破坏。在保护区的核心区和缓冲区内，不允许布设任何生产设施。在保护区的实验区内，不得建设任何污染环境、破坏资源或景观的生产设施。在自然保护区的外围保护地带建设的项目，不得损害自然保护区内的环境质量，如已造成损害的，应当限期治理。

（二）加强保护区的监管力度

制定行之有效的工作制度和管理办法。加强巡护管理，组建专业巡护队伍，建立远程视频监控系统，建立建设项目审查制度。同时以监督、检查、治理为手段，结合保护区实际，采取集中整治和长效管理相结合的方式，大力开展生态环境保护工作，使保护区生态环境得到较大改观。

（三）完善基础设施

主要建设完成了标志牌设置建设、隔离护栏工程建设、海岸防护林修复和景观改造、地质博物馆改造、生物化石园建设、宣传教育设施建设和海堤加固工程等七大项目。

（四）重视科研合作

保护区管理处与有关科研院所合作，交流科研成果，使保护区的管理理念、管理能力得到了有效提升，同时也扩大了深沪湾的影响力和知名度。

（五）创新科普宣教模式

一是建立保护区门户网站和微信公众平台；二是免费发放宣传手册、画册、折页、光盘等宣传资料；三是充分利用电视、广播、报纸等新闻媒介进行宣传；四是结合重要节日开展科普教育活动。

福建厦门国家级海洋公园

FUJIAN XIAMEN GUOJIAJI HAIYANG GONGYUAN

一 保护区名片

地理位置	从厦门大学海滨浴场，沿环岛路向北延伸至观音山沙滩北侧及五缘湾（含五缘湾湿地公园），西侧边界为环岛路外侧，包括东部部分海域
地理坐标	24° 24′ 24.66″ N ~ 24° 32′ 35.95″ N, 118° 05′ 21.69″ E ~ 118° 12′ 24.8″ E
级别	国家级
批建时间	2011 年 5 月
面积	24.87 平方千米
保护对象	稀有的海洋生态景观、中华白海豚和文昌鱼等海洋珍稀物种、历史文化遗迹、地质地貌景观等
关键词	海洋生态景观、中华白海豚
资源数据	8 大类、20 亚类、39 基类景观类型；海洋生物近 2 000 种，其中具有经济价值的常见鱼类 157 种、软体动物 89 种、甲壳类动物 127 种、藻类 139 种，珍稀物种 12 种

二 保护区概况

2011 年 5 月，厦门国家级海洋公园获批成为全国首批国家级海洋公园之一。厦门国家级海洋公园由重点保护区（1.53 平方千米）、生态与资源恢复区（0.85 平方千米）、适度利用区（22.01 平方千米）和科学实验区（0.48 平方千米）4 部分组成。重点保护对象为区域内的自然沙滩和岸线、海洋珍稀物种如中华白海豚和文昌鱼等；生态与资源恢复对象为区域内的受损沙滩、岸线资源；适度利用区是厦门国家级海洋公园的主要景观带，分别为东南海岸度假旅游区、五缘湾度假旅游区、香山国际游艇码头、上屿观光区 4 个亚区；科学实验区主要是预留用以进行海水淡化和其他特殊用途的相关科学实验的区域。

厦门国家级海洋公园属亚热带海洋性气候，全年阳光充沛，四季如春。海洋公园具有独特的地质地貌，有花岗岩石蛋地貌景观，还有多样的海蚀和海积地貌类型。公园内的植物种类以喜热性乔木、灌木、草本为主，主要有亚热带常绿针叶林、常绿阔叶林、灌草丛、潮间带抗盐性强的沙生或盐生草本植被和红树植物群落。因其植物物种丰富，滩涂面积大，这里还是鸟类南北迁徙的重要途径。公园内环境优美，林木苍翠，沙滩连绵，岛礁错落有致，水质洁净，生态环境受到破坏程度较小。山、海、岩、园、花、木诸种神秀，加之名胜古迹和具有特色的民俗文化乡土风情，吸引越来越多的中外游客。

三 功能分区图

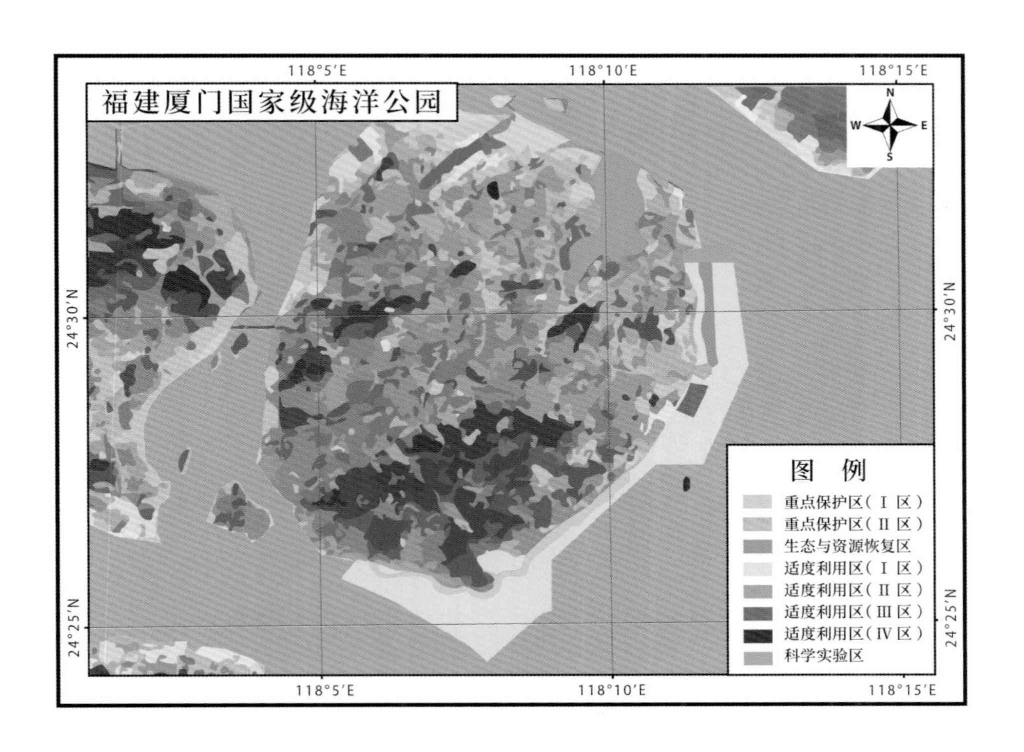

四 代表性资源

（一）动物资源

中华白海豚

中华白海豚

学　名	*Sousa chinensis*
中文别称	印度太平洋驼背豚、妈祖鱼、粉红海豚、镇江鱼、白鲳
分类地位	脊索动物门哺乳纲鲸偶蹄目海豚科驼海豚属或白海豚属
分布区域	在我国主要分布于东南沿海

中华白海豚体修长，呈纺锤形。初生的白海豚约 1 米长，性成熟个体体长 2 ～ 3.5 米。中华白海豚的吻部突出且狭长，长度不足体长的 1/10。背鳍较突出，位于体中部，呈后倾三角形；胸鳍左右各一，基部较宽，运动极为灵活；尾鳍呈水平状，形似银杏叶。眼睛乌黑发亮，上、下颌的每侧都有 32 ～ 36 枚圆锥形的牙齿，齿列稀疏。中华白海豚的体色在成长过程中不断变化，从初生的深灰色慢慢淡化为成年的粉红色、乳白色，白海豚身上的粉红色并非由色素产生，而是剧烈运动时表皮血管充血扩张所致。

中华白海豚喜欢群体活动，但通常是三五结群的小规模行动，也有的两只结对而行。倘若风和日丽，常能在靠近沙滩的海湾看到性情活泼的中华白海豚追波逐浪、跳跃嬉戏，有时它们甚至会全身腾起 1 米多高。中华白海豚善游泳，速度可超 12 海里 / 时。中华白海豚活泼好动，食量也不小，胃中食物的重量可达 7 千克以上，它们主要以鱼类为食，包括鲻科和石首鱼科鱼类的幼体，偶尔也摄食小黄鲷和小鲳鱼等。

中华白海豚的寿命一般在 30 ～ 40 年，3 ～ 5 岁时达性成熟，此后常年都可进行交配。白海豚的动情期多集中在每年 4 ～ 9 月的温暖季节，怀孕期 10 ～ 11 个月，每胎产一仔。幼豚出生时，尾部先从母体露出（陆生哺乳动物头先露出），这样能够有效防止幼豚呛水而死。出生后，幼豚以母豚的乳汁为主要营养来源，哺乳期可达 8 个月以上。幼豚一出生，即在母豚的带领下学习游泳，由于整个哺乳过程母子形影不离，母豚保护周到，幼豚的成活率比其他水生动物成活率要高得多。

与陆生哺乳动物一样，中华白海豚肺部发达，用肺呼吸。外呼吸孔呈半月形，直接开口于头额顶端，呼吸时头部露出水面吸入空气中的氧气，发出“哧—哧—”的喷气声。中华白海豚视力较差，是典型的近视眼，但其具有独特的回声定位系统，能够准确、快速辨别物体的位置和方向。中华白海豚利用这个回声定位系统可以对物体的大小、形状、密度、结构等性质进行测定，并做出快速判断和反应。这种特殊功能已成为生命科学和军事科学领域的仿生学研究重点。

（二）旅游资源

厦门环岛路

厦门环岛路全程 31 千米，路宽 44 ～ 60 米，为双向 6 车道，是厦门市环海风景旅游的主要干道。环岛路的建设坚持“临海见海，把最美的沙滩留给百姓”的宗旨，有的依山傍海，有的凌海架桥，有的穿石钻洞。在近 47 万平方米绿化的铺就下，形成了一条集旅游观光和休闲娱乐为一体的滨海走廊，充分体现了厦门和亚热带风光特色。

厦门环岛路

胡里山炮台

胡里山炮台位于厦门岛东南海岬突出部，毗邻厦门大学园区，有着得天独厚的自然旅游资源。胡里山炮台始建于清光绪二十年（1894），是洋务运动的产物。胡里山炮台规模宏大，总面积7万多平方米，城堡面积1.3万平方米，分为战坪区、兵营区和后山区。整座炮台特色鲜明，是欧洲建筑风格和明清时期建筑风格的糅合。

胡里山炮台

五缘湾

五缘湾，旧称钟宅湾。因湾内有日圆桥、月圆桥、天圆桥、地圆桥和人圆桥5座拱桥，这5座拱桥横卧海面，与其倒影构成“五圆”，谐音“五缘”，故称“五缘湾”。它是厦门岛上集海湾、植被、湿地等多种自然资源于一身的“风水宝地”，还具有独特的畲族文化等人文景观，故有人将其比作“外婆的澎湖湾”。

五缘湾湿地公园位于五缘湾南岸，占地面积84平方千米，是厦门最大的湿地生态园区。园区规划有湿地核心保护区、外围保育区、生态游憩区、生态科普区、生态净化区、湿地河道探索区、生态湿地探索区等部分。

厦门五缘湾风光

五 历史人文

（一）历史故事

中秋博饼的由来

相传，郑成功当年屯兵厦门时，时值中秋，为解士兵思亲怀乡之苦、稳军心、鼓士气，郑成功命部将洪旭发明了中秋博饼。自此，这项活动代代流传，经过在民间的流传和改进，形成了今日的博饼习俗。中秋博饼，博的是一个好兆头，求的是一份开心。人们都相信博中状元的人，未来一年将会好运相伴。所以，厦门人对中秋节的重视仅次于春节，甚至有“小春节，大中秋”的说法。

（二）民间传说

凤凰木的传说

在民间，有一个美丽而古老的传说，称白鹭为厦门岛之开拓者。相传，此岛本无人烟，一群白鹭自北南迁，至此繁衍生息，以尖嘴啄泉眼，以利爪挖清泉，自内陆衔来花种草籽播撒。星移斗转，岁月荏苒，荒岛变花园。遂有海底蛇妖上岸侵犯，白鹭与之血战，伤亡惨重，终将蛇妖赶尽杀绝。之后，在白鹭鏖战沃血的土地上，长出株株大树，白鹭鲜血化作殷红花簇，犹如烈火中腾飞的凤凰，人称“凤凰木”。如今，凤凰木已被评选为厦门市树。

凤凰木

（三）风土人情

南音

南音表演

南音又称南乐、南曲、南管、弦管，是闽南最流行的一种地方曲艺。据考证，南音早在1000多年前的隋唐时期就有了。史料记载，康熙五十二年（1713），南音被选中进京给康熙皇帝祝寿，受到皇帝赏识，被授予“御前清客”的匾额及彩伞、宫灯等。这种古老的乐曲用琵琶、洞箫、二弦、三弦等乐器演奏优美抒情的曲调，极富地方特色。其著名代表作有《梅花操》《八骏马》《三更人》《感谢公主》等。

闽南功夫茶

厦门是功夫茶的起源地之一。厦门人大多爱喝乌龙茶，尤以安溪铁观音为最。厦门的茶艺讲究茶叶、茶水、茶具、火候和环境。茶叶以新为贵，乌龙茶经冲泡后，叶片上有红有绿，汤色黄红，口味醇厚。泡茶要用软水，这样泡出的茶才能口味醇厚，色泽纯正。火候与汤候要适度，既要烧沸，又不能过火，这样茶汤才能鲜美。厦门人饮乌龙茶，爱选用加盖的陶器茶具，因其会“保香”和“保味”。品茗需佳境，是一种高品位的休闲方式。

六 保护区管理

（一）加强海洋公园管理

积极做好公园发展总体规划，开展《厦门国家级海洋公园总体规划》的编制工作。2015 年制定《厦门近岸海域污染整治方案》，并由厦门市政府办公厅正式印发实施。根据该方案，厦门市环保、市政、水利、建设有关部门分别制定细化措施，分解任务，落实工作，努力改善海洋公园海水质量。

（二）开展海洋公园生态修复和建设

积极争取国家海域使用金返还用于公园建设。已完成厦门国家级海洋公园导向和标识系统的设立；完成厦门会展中心 2 224 米沙滩修复、海洋文化及科普教育景墙等工程的建设；完成厦门海洋公园内天泉湾岸段的沙滩修复工程和上屿岛的生态修复工程；积极组织开展国家级海洋生态公园沙滩沙生植物园建设工作。

（三）建立海洋公园常态化联合执法机制

由属地街道牵头，市海洋综合行政执法支队等有关执法部门参与，每月组织开展环岛路违法违规占地占海经营行为综合整治行动。

（四）组织开展海洋公园监视监测工作

从 2013 年开始，把厦门国家级海洋公园纳入年度监视监测工作范围，制定详细的工作方案，监测内容包括沙滩环境、水文气象、水质、沉积物、生物等指标。海洋公园内的滨海旅游度假区、海水浴场预报已进入常态化。

福建厦门国家级海洋公园风光

（五）加强海洋公园的宣传工作

利用《厦门日报》《厦门晚报》、厦门电视台等新闻媒体进行详细的报道，同时还专门制作了《海洋视点》《十分关注》等电视栏目，加大对厦门国家级海洋公园的宣传力度。

福建厦门珍稀海洋物种国家级自然保护区

FUJIAN XIAMEN ZHENXI HAIYANG WUZHONG GUOJIAJI ZIRAN BAOHUQU

一 保护区名片

地理位置	位于厦门海域，中华白海豚保护区范围包括第一码头和嵩屿连线以北、高集海堤以南的西海域及五通、澳头、刘五店、钟宅四点连线围成的同安湾口海域，厦门市其他海域为中华白海豚保护区外围保护地带（与文昌鱼和白鹭保护区面积重叠）；厦门与大金门岛之间的南线至十八线一带海域及小嶝岛以南与大金门岛之间的海域为文昌鱼保护区外围保护地带（与中华白海豚自然保护区外围保护地带相重叠）；白鹭保护区范围包括大屿岛、鸡屿岛全部陆域和滩涂
地理坐标	24° 23′ N ~ 24° 44′ N, 117° 57′ E ~ 118° 26′ E
级别	国家级
批建时间	2000 年 4 月
面积	75.88 平方千米
保护对象	中华白海豚、厦门文昌鱼、白鹭等
关键词	中华白海豚、厦门文昌鱼、白鹭
资源数据	18 种海洋珍稀濒危物种

厦门风光

保护区概况

2000 年 4 月 4 日，经国务院批准，原厦门中华白海豚省级自然保护区（1997 年 8 月 25 日福建省人民政府批准）、厦门文昌鱼市级自然保护区（1991 年 9 月 23 日厦门市人民政府批准）和厦门大屿岛白鹭省级自然保护区（1995 年 10 月 30 日福建省人民政府批准）整合升格为厦门珍稀海洋物种国家级自然保护区。保护区总面积 75.88 平方千米，其中中华白海豚自然保护区面积为 55 平方千米，文昌鱼自然保护区面积为 18.71 平方千米，白鹭自然保护区面积为 2.17 平方千米，另有外围保护地带 255 平方千米。

功能分区图

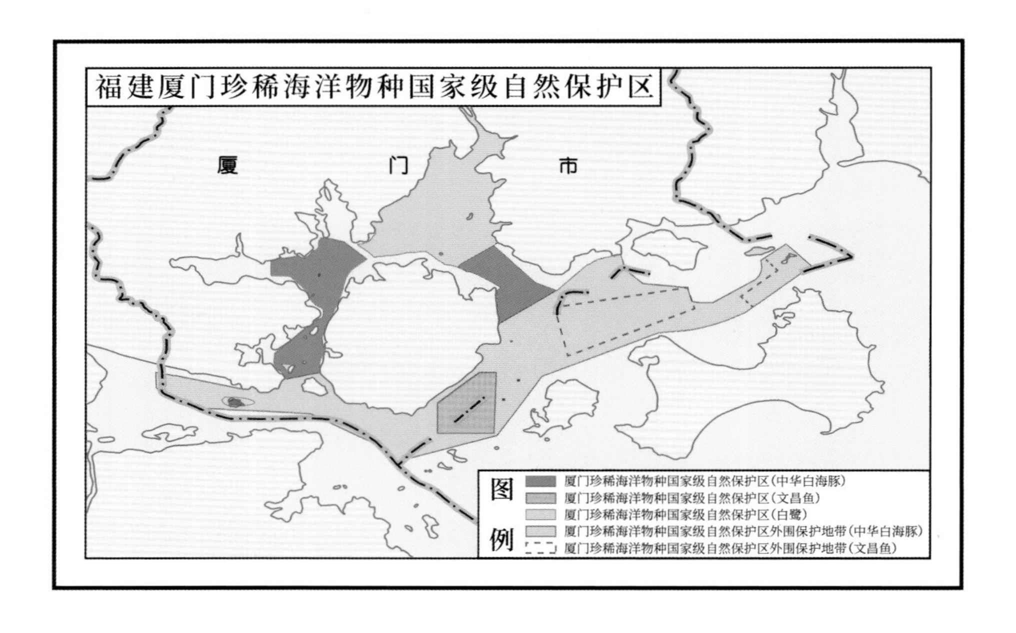

四 代表性资源

（一）动物资源

白鹭

白鹭

学　　名	*Egretta garzetta*
中文别称	白鹤、白鹭鸶、白鸟
分类地位	脊索动物门鸟纲鹈形目鹭科白鹭属
自然分布	在我国南方有分布，迷鸟有时出现在河北、河南、山东、江苏等地

白鹭体形较大而纤瘦，嘴及腿黑色，趾黄色，繁殖羽纯白，颈背具细长饰羽，背及胸具蓑状羽。白鹭常于繁殖巢群中发出呱呱叫声，其余时候寂静无声。它们喜稻田、河岸、沙滩、泥滩及沿海小溪流，通常成散群进食，常混杂在其他种类之中，有时会飞越沿海浅水追捕猎物。夜晚，白鹭成群呈“V”字队形飞回栖处，与其他水鸟一同集群营巢。

白鹭

白鹭的羽衣多为白色，在繁殖季节头上和身上还会长出颀长的装饰性婚羽。白鹭习性与其他鹭科鸟类大致相似，且有求偶行为，如炫耀羽毛等。白鹭食性较广，常在沼泽地、湖泊、潮湿的森林和其他湿地环境捕食浅水中的小鱼、两栖类、哺乳动物和甲壳动物。

每年的 3 ~ 7 月是白鹭的繁殖期，它们会成群在近海岸的岛屿和海岸悬岩处的岩石上或高大的树上营巢。它们的巢的形状为结构简单的浅碟形，主要由枯草茎和草叶构成。每窝可产卵 3 ~ 6 枚，卵呈卵圆形，为淡蓝色，孵化期为 24 ~ 26 天。

白氏文昌鱼

白氏文昌鱼

学　名	*Branchiostoma belcheri*
中文别称	鳄鱼虫、蛞蝓鱼、松担物、无头鱼
分类地位	脊索动物门头索纲文昌鱼目文昌鱼科文昌鱼属
自然分布	在我国主要分布于厦门、漳州东山岛、秦皇岛、威海、烟台、日照、青岛、广西北部湾等地海域

文昌鱼体形侧扁，两头尖，体长 40 ~ 57 毫米，形似柳叶。文昌鱼皮肤薄，仅包括单层柱形细胞构成的表皮和胶状结缔组织构成的真皮。幼体期的表皮外具纤毛，长大之后则消失。文昌鱼的血液中不含血细胞，所以血液无色。文昌鱼不具骨质的骨骼，尾鳍、背鳍及肛前鳍均不具有实体的支持骨骼，仅为一层皮膜物。文昌鱼以纵贯全身的脊索作为中轴支架，脊索外包有脊索鞘膜，与背神经管的外膜、肌节之间的肌隔及皮下结缔组织等相连接。文昌鱼被视为生物进化中由无脊椎动物向脊椎动物过渡的桥

梁，在生物学研究中占有重要地位。

文昌鱼一般生活在水清、温暖的浅滩水域。白天时，它们半埋于沙中，仅前端露出沙外，依靠口部纤毛摆动形成的水流摄入浮游生物如硅藻等，摄入的食物进入肠管内消化吸收。到了夜晚，它们离开沙窝，弹射到水面活动，以螺旋方式游泳前进。一旦遇到惊扰，又游回沙窝内。文昌鱼并无专门的呼吸器官，海水流经鳃裂时进行气体交换，另外有相当一部分氧气通过皮肤表面的淋巴窦直接由水中吸入血液。

文昌鱼雌雄异体，体外受精，繁殖季节在 6 ~ 7 月。受精卵很快发育为被有纤毛的幼体，幼体经过短暂的浮游期后即钻入沙中。

（二）旅游资源

鼓浪屿

鼓浪屿，原称为“圆沙洲”，是位于厦门岛西南部海域的小岛。岛西南方向的沙滩上有一块高 2 米多、中间有洞穴的礁石，当浪击礁石时，声如擂鼓，久而久之，人们就称这块石头为“鼓浪石”，鼓浪屿也就因此得名。鼓浪屿上，鲜花团簇，空气清新，有“海上花园”的美称。

鼓浪屿风光

19 世纪中叶起，伴随着基督教的传播，西方音乐开始与鼓浪屿优雅的环境碰撞融合，造就了鼓浪屿独特的音乐氛围和传统，一大批杰出的音乐家从鼓浪屿走出。这里建有国内仅有、国际一流的钢琴博物馆，被誉为“钢琴岛”。2002 年，鼓浪屿被中国音乐家协会命名为“音乐之岛”。

20 世纪，鼓浪屿因其特殊的地理位置，被西方列强占有，各国商人、传教士纷纷来此设教堂、修楼房、办学校。时至今日，在岛上仍能欣赏到西欧各国的建筑，故鼓浪屿有“万国建筑博览”的称誉。

马銮湾

马銮湾东临厦门西海域，与厦门岛隔海相望，西连漳州龙海市，北接厦门杏林城区，南边和西北边的蔡尖尾山和天竺山森林公园构成马銮湾的天然生态屏障，形成典型的海湾地形特征。

马銮湾风光

五 历史人文

（一）历史故事

面线糊的来历

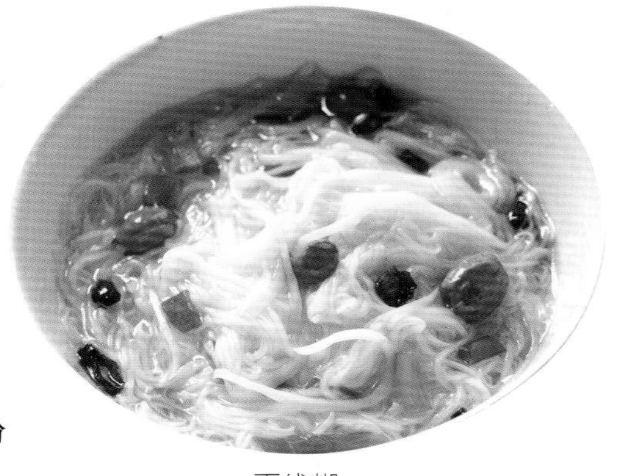

面线糊

相传，乾隆下江南时途经罗甲村。时值粮食短缺，村民们绞尽脑汁，但实在想不出来还有什么食材来招待皇帝。乾隆在一秀才的家门口下了轿，村中人都替秀才捏把汗。巧的是，秀才的妻子灵光一现，将往年啃剩的猪骨头和鱼刺洗净熬汤，又用面线碎和木薯粉做出了一碗面线糊。乾隆吃后，大赞其味道鲜美，还问这“龙须珍珠粥”是用什么做的。秀才妻子立即大胆回答，这是秘方，是用上等面线和特等精制地瓜粉加工而成。皇上龙颜大悦，大大赏赐这个巧媳妇，面线糊的盛名也就流传开了。

土笋冻的由来

郑成功攻打台湾时，军队曾有一段时间陷入了粮草紧缺的困境，但治军严明的郑成功坚决不接受老百姓的任何资助。将士们为解困顿，在驻地旁的沙滩挖出来大量的“土笋”（可口革囊星虫，星虫动物门的一种海洋生物），煮成汤给郑成功食用。郑成功终日忙碌，常忘记用餐，手下每次都将土笋汤温热之后才给他喝。

一日，郑成功直接食用了凝成冻的土笋汤，不料这味道胜却温热的土笋汤。于是这种土笋冻流传开来，经后人不断改进，便成了远近闻名的土笋冻。

（二）民间传说

鹭岛传说

传说，很早以前的厦门还是一片不毛之地，寸草不生，荒无人烟，但常有一群白鹭南归时会停驻于此。领头的白鹭发现这儿的水里鱼虾成群，食物充足，既无毒蛇猛兽的威胁，又无猎人弓箭的骚扰，是一处定居的好地方。于是它便率领众多白鹭定居于此。白鹭着手装点家园。一些白鹭用嘴啄、用利爪挖，费尽九牛二虎之力凿了许多泉眼，清澈的泉水哗哗流淌；还有一些白鹭则从陆地衔来各种花籽、草籽播撒于此，岛上从此百花齐放，青草遍地。这般花团锦簇、生机勃勃的景象吸引了许多鸟儿、蜜蜂、蝴蝶，顿时小岛变得热闹非凡，五彩缤纷。

盘踞在东海底下的蛇王却心生嫉妒，它想要霸占这座美丽的小岛。于是率领众蛇在此兴风作浪，瞬间岛上飞沙走石，天昏地暗。白鹭为了保卫自己的家园，跟蛇妖展开了殊死搏斗。领头的白鹭重创蛇王，蛇王落荒而逃，但白鹭也身负重伤，倒在血泊中。后来，在白鹭洒下鲜血的土地上长出了一棵挺拔的大树，那树的叶子张开如白鹭，那树开的花火红似鲜血。这棵树就是凤凰木，它的花就是凤凰花。赶走蛇妖之后，白鹭安心地嬉戏于树林、海水、沙滩之间，做这个美丽小岛的“主人”。厦门岛最早称为“鹭岛”，便是由这个传说而来的。

厦门珍稀海洋物种国家级自然保护区风光

（三）风土人情

会饼

在厦门的博饼风俗中，月饼有一个特别的名字：会饼。这是中秋博饼必不可少的道具之一。传统的会饼由大小不一的月饼拼凑而成。一般一套会饼里含有 1 个状元饼，2 个对堂饼，4 个三红饼，8 个四进饼，16 个二举饼，32 个一秀饼。

有意思的是，在会饼中味道最好的不是状元饼，而是三红饼。相传，永乐二十二年（1424）甲辰科殿试的状元姓孙名曰恭，“曰”“恭”合在一起是“暴”字，明成祖觉得很不吉利。于是将第三名的邢宽易与孙曰恭互换名次。因而在厦门人看来，状元不一定是“才高八斗”之辈，第三名反而有可能真才实学。因此，状元饼的味道往往不如三红饼好。

随着时代的发展，“会饼”的形式不断更新，“会饼”不再只是月饼而多是生活用品，如沐浴露、洗发露等。你想要的东西都可以用来做“会饼”，只要遵循会饼规定的数量进行组合就可以。

保护区管理

（一）自然保护区编制及人员

厦门市编委办于2000年5月设立厦门珍稀海洋物种国家级自然保护区管理委员会办公室，挂靠厦门市环保局，2002年因机构整合组建厦门市海洋与渔业局，管委办改为挂靠市海洋与渔业局，核定编制3人。原厦门中华白海豚和文昌鱼保护区管理处因机构整合更名为厦门中华白海豚文昌鱼自然保护区管理处，挂靠厦门渔港渔船管理处，不增加人员编制。厦门大屿岛白鹭自然保护区管理处为市环保局下属机构，核定编制5人。

（二）自然保护区管理经费与管理制度

保护区日常管理经费、项目建设经费和科研经费由市财政按专项经费渠道申请，加上申请中央财政资金和国家海域使用金项目，基本满足管理工作需求。在法规与制度建设上，制定了《厦门中华白海豚保护规定》《厦门文昌鱼自然保护区管理办法》和《厦门大屿岛白鹭自然保护区管理办法》等。同时，保护区还制定了相应的对外工作程序和内部管理规章制度。

（三）自然保护区总体规划编制及实施

保护区分别制定了中华白海豚、文昌鱼和白鹭3个保护区建设计划，组织编制了《厦门珍稀海洋物种国家级自然保护区建设规划》《厦门珍稀海洋物种国家级自然保护区总体规划》等。

夕阳下的厦门风光

（四）加强基础设施建设

设立各类保护区界碑 23 座。在全市重点、显著位置，建立中华白海豚、白鹭等各种形态雕塑 150 多座，设置保护告示牌 20 座。同时建设了厦门濒危物种保护中心及其配套设施，建设了中华白海豚救护繁育基地。

（五）提高管理能力

建设厦门海域执法监控系统，在中华白海豚和文昌鱼保护区设立专门的监控点，对保护区实行全方位动态监控。

利用报纸电视等媒体进行宣传，结合节庆活动进行重点宣传，制作赠送物件进行感化宣传，开展爱心捐助进行感动宣传，建立基地进行常态宣传，建立魅力使者进行形象宣传。

加强保护区巡航和定点监控。采取防护措施，减少涉海工程对中华白海豚的危害。

福建城洲岛国家级海洋公园

FUJIAN CHENGZHOUDAO GUOJIAJI HAIYANG GONGYUAN

福建城洲岛国家级海洋公园风光

保护区名片

地理位置	位于福建省漳州市诏安县东南部海域，东与东山岛隔海相望，西距梅岭半岛陆域最近点 3 千米
地理坐标	23°35′29.4″N ~ 23°36′28.33″N, 117°16′52.08″E ~ 117°17′59.55″E
级别	国家级
批建时间	2012 年 12 月
面积	2.252 平方千米
保护对象	绿海龟、中国鲎、中华白海豚以及保护区自然生态景观等
关键词	蛇洲、绿海龟
资源数据	砂质潮间带大型底栖动物 34 种，其中多毛类最多，有 17 种

二 保护区概况

福建城洲岛国家级海洋公园总面积 2.252 平方千米，其中重点保护区 0.397 平方千米，生态与资源恢复区 0.40 平方千米，适度利用区 1.218 平方千米，科学实验区 0.073 平方千米，预留区 0.164 平方千米。城洲岛是典型的无居民海岛，全岛南北长 1.3 千米，东西宽 0.75 千米，岛周海岸线长 3.5 千米。

岛上生态环境优异，具很多珍稀的生物资源。该海域具有较高的海洋生物多样性，尤其是鱼类资源；同时，该海域拥有国家保护动物中华白海豚、绿海龟、中华鲎等 6 种。其中，中华白海豚是海洋生态系统健康的重要指示物种之一。

三 功能分区图

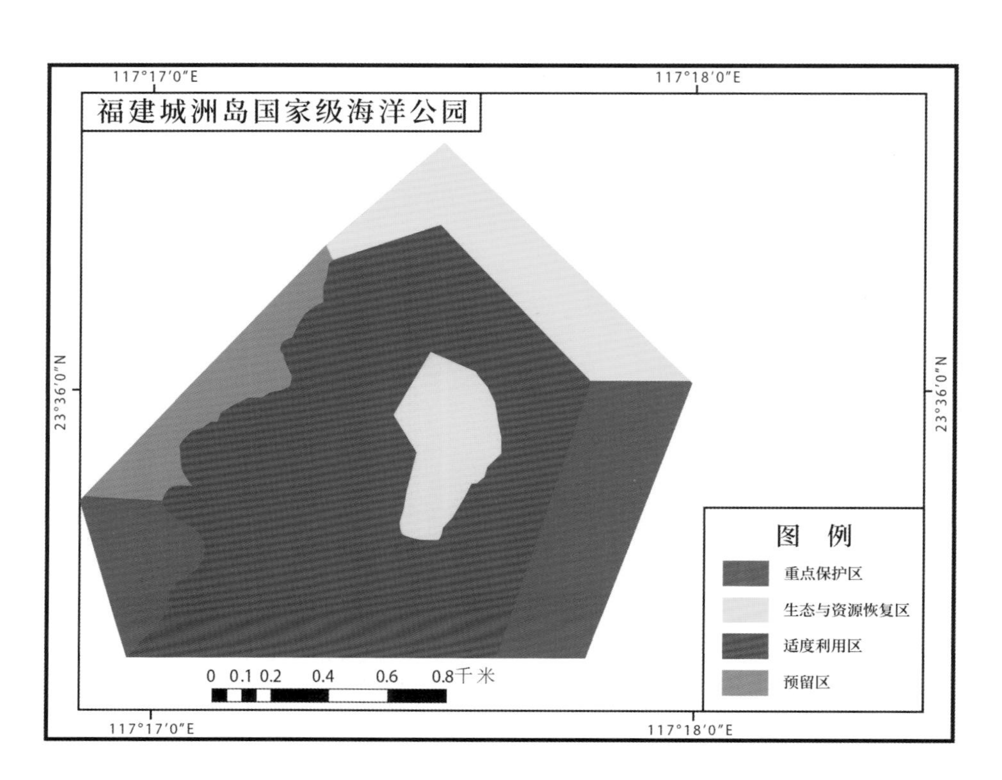

四 代表性资源

（一）动物资源

绿海龟

学　　名	*Chelonia mydas*
中文别称	黑海龟、石龟、绿蠵龟
分类地位	脊索动物门爬行纲龟鳖目海龟科海龟属
自然分布	在我国主要分布于山东沿海至北部湾

绿海龟

绿海龟上颌平突，下颌略向上钩。背甲呈心形，盾片互不重叠。绿海龟的椎盾具 5 片盾片，肋盾每侧 4 片，这些盾片的数量是区别于其他海龟的重要特征。前肢长于后肢，各具一爪。雄性尾长且粗壮。背甲为橄榄色或棕褐色，杂以浅色斑纹，腹甲呈黄色。

与陆龟不同的是，海龟不能将它们的头部和四肢缩回到壳里。它们的四肢特化成桨状，前肢划动用以产生动力，推动海龟向前，后肢则像方向舵一样在掌控游动的方向。

绿海龟通常生活于近海上层水域。幼龟肉食性，主要以水母、鱼卵、海绵等为食。成年绿海龟具有锯齿状的颚，有利于咀嚼海藻、海草。海龟在摄食时也会吞下海水，摄入大量的盐分。为维持体液渗透压平衡，在海龟的泪腺旁会有一些特殊的腺体排出盐分，看起来就像是海龟流泪。

绿海龟往往需 10 年以上才能性成熟。每年 4 ～ 6 月为绿海龟的繁殖季节，它们常聚集在礁盘附近水面交配。在夜间，雌海龟从坡度小、沙质松软的海滩登陆，找到合适的产卵地点后，掘出一个卵坑，在坑内产卵。绿海龟的卵呈白色，球形，壳软，有韧性和弹性。雌海龟还分泌黏液附在卵的表面以形成保护层，防止水分蒸发。

绿海龟一般不具护卵习性。雌海龟产完卵之后，会仔细地用后肢将沙土拨回卵坑以盖住卵，再爬回海中。经过约 70 天，幼海龟破壳而出。它们在夜间成群爬出卵坑，在光线的引导下爬向大海。它们的成活率通常不足千分之一。

（二）植物资源

相思树

相思树

学　　名　*Acacia confusa*

中文别称　台湾柳、台湾相思、相思仔、相思柳

分类地位　被子植物门双子叶植物纲豆目豆科金合欢属

自然分布　在我国主要分布于台湾、福建、广东、广西、云南等地

相思树为常绿乔木，高 6 ～ 15 米，无毛；枝灰色或褐色，无刺，小枝纤细。苗期第一片真叶为羽状复叶，长大后小叶退化，叶柄变为叶状柄，叶状柄革质，披针形，长 6 ～ 10 厘米，宽 5 ～ 13 毫米，直或微呈弯镰状，两端渐狭，先端略钝，两面无毛。

头状花序球形，单生或 2 ～ 3 个簇生于叶腋，直径约 1 厘米；总花梗纤弱，长 8 ～ 10 毫米；花金黄色，有微香；花萼长约为花冠的 1/2；花瓣淡绿色，长约 2 毫米；雄蕊多数，明显超出花冠之外；子房被黄褐色柔毛，花柱长约 4 毫米。

荚果扁平，干时深褐色，有光泽，顶端钝而有凸头，基部楔形；种子 2 ～ 8 颗，椭圆形，压扁，长 5 ～ 7 毫米。花期 3 ～ 10 月，果期 8 ～ 12 月。

相思树喜暖热气候，喜酸性土，耐低温、半阴、干旱和短期水淹等恶劣环境。

相思树的适应性很强，生长速度很快。此外，相思树还具有较强的固氮特性，其根部的根瘤能将空气中的氮固定形成养分，长期栽种此树能够增加土壤肥力、改善土壤条件。

木麻黄

木麻黄

学　　名	*Casuarina equisetifolia*
中文别称	马尾树、驳骨树、短枝木麻黄
分类地位	被子植物门双子叶植物纲壳斗目木麻黄科木麻黄属
自然分布	在我国主要分布于广西、广东、福建、台湾沿海地区

木麻黄可达 30 米高，其干通直，老树树皮呈深褐色，具不规则纵裂。小枝细软而下垂，为绿色，担负叶的功能，称为叶状枝。木麻黄的叶则退化为鳞片状，每节有 6 ~ 8 枚鳞片状叶。花为单性，雌雄同株或异株。

木麻黄喜炎热气候，能耐盐碱、贫瘠土壤等恶劣环境，即使是在瘦瘠沙土上也能快速生长，且根系深广，是中国南方滨海防风固沙的优良树种。木麻黄的根系密布根瘤菌，能固氮，因此即使在贫瘠的土壤中也能自制养料生长。此外，木麻黄易于栽培，成活率高，通常用种子繁殖，用半成熟枝扦插也能生长。如若大规模造林，一般会接种根瘤菌以帮助其抵抗干旱、贫瘠等环境，从而提高成活率。

（三）旅游资源

虎崆滴玉

虎崆滴玉位于漳州铜山古城东的海滨，是著名的避暑旅游胜地。所谓虎崆，其实是位于水涯处的海蚀岩洞。据传，昔日曾有虎盘踞洞中，故名。有大、小虎崆，大虎崆于右，小虎崆于左，中间互通；虎崆左右和上端，绝壁绵延，洞前礁石嶙峋。大虎崆深约 15 米，呈喇叭状，内窄外宽，窄处约 4 米，宽处近 10 米，形若张开虎口，可容数十人。洞内是沙地，内有一石桌和四块礁石凳，清幽超俗，海风送爽。

所谓滴玉，是洞内半壁石罅中流出一股清泉。泉水甘甜可口，大旱不涸，泉水滴落，叮咚有声，犹如珠玉滴落，故称“滴玉”。盛夏酷暑，洞内清爽可人，可在此取水烹茗，兼观沧海、听涛声。

虎崆滴玉风光

果老山摩崖石刻

果老山的东、南两面临海，素有“漳州第二碑林”之誉。相传，当年张果老赴西王母蟠桃宴时，曾于此处休憩，山因此得名。山上有石刻 28 处，楷、草、行、隶、篆诸体俱全，笔力遒劲，笔意洒脱，被称为“海上碑林”，具有较高艺术价值和丰富的文化内涵，是重要的史料载体。

历史人文

风土人情

诏安彩扎

诏安彩扎的工艺繁复，用料考究。需要先根据不同的彩扎对象选用竹、木、藤、篾、铜、铁、铝片条等为工艺品的骨骼，扎出物体的骨骼构架；再选用丝、绸、缎、绫、绒布等作为外面贴料，粘贴平整均匀；最后再配以金丝银线、珠粒珠片、羽毛等作为装饰。制成的彩扎工艺品色彩艳丽，装饰精美，极具审美趣味。

明清以后，彩扎工艺在声名远播，广为流传。随着时代发展，彩扎工艺逐渐分化为两种形式：一种是单纯为丧葬服务的传统彩扎工艺；另一种是为满足大众娱乐文化、民俗节令以及旅游工艺品需求而衍生的风筝、灯彩、绢人、微型仿真昆虫等新型彩扎工艺。彩扎工艺以其实用性、观赏性和鲜明的民俗特点，深受老百姓喜爱。

剪瓷雕

剪瓷雕是闽南地区独特的手工技艺，民间艺人以各种颜色鲜艳、胎薄质脆的彩瓷器或残损价廉的彩瓷为原料，将其剪成形状不一的细小瓷片，再按照艺术造型砌出各

剪瓷雕

式人物、动物、花卉、山水。这些瓷雕色彩鲜艳、造型生动、精致巧妙，人们或将其镶嵌于民居的照壁，或耸立于寺庙宫观或园林建筑的屋顶、屋脊、翘角、门楼等。

剪瓷雕最早可追溯到宋代晚期修建的西山岩初来寺；到了明代，诏安地区兴建寺庙、祖祠等建筑，该项技艺开始盛行。随着诏安与海外文化交流的发展，这项传统手工技艺远播海外，至今在我国闽台地区以及南亚仍有较大的影响。

猫仔粥

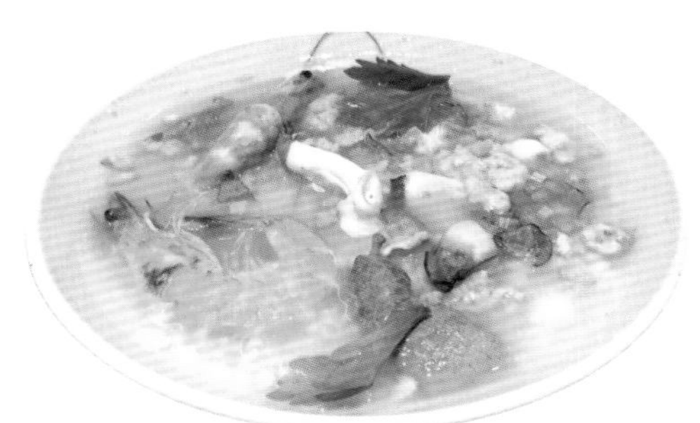

猫仔粥

猫仔粥是诏安县的一道风味佳品，既是粥品又是菜肴小吃。虽叫猫仔粥，但却与猫并无相关，而是用上等的纯白糯米，搭配鲜虾、鱿鱼干、鱼片、肉片、香菇等数十种配料，精心熬制而成。现煮现吃的猫仔粥最为美味。客人在小桌边坐定，摊主将猪骨汤烧沸，放上预先蒸熟的米饭，辅以配料。一阵猛火过后，加上胡椒粉、香菜，一碗喷香的猫仔粥即成。猫仔粥汤清味美，鲜香无比，令人回味无穷。

和合包

和合包是诏安传统名点之一。皮是用精面发酵制成，形似半合的荷叶。馅料则用猪肥膘肉丁、蜜饯冬瓜条、白芝麻仁、山橘、白砂糖等烹制而成，食时取之装入荷叶状的皮内，多少不定，全凭喜好。和合包油而不腻，瓜甜糖沙、麻香橘甘，各种香味回绕舌尖，别有一番食趣。和合包有“和谐、合好”的美好寓意，因此在诏安等闽南地区是一道不可缺少的婚宴佳品。

六 保护区管理

（一）加强执法巡查

市、县两级海监执法部门加强对海洋保护区的日常管护、巡查，制止和打击损害城洲岛资源和环境的行为，建立管理台账，形成常态化、制度化的长效管理机制。

（二）加大宣传力度

加强宣传教育，通过召开专题座谈会、分发宣传册、张贴宣传标语及组织志愿者参与保护区保护等方式，普及海洋保护区的有关知识，提升民众对海洋保护区的保护意识。

（三）加快推进海洋牧场建设

实施诏安城洲岛人工鱼礁工程，在城洲岛附近海域投放人工鱼礁共计 1 056 块，增殖放流西施舌、黑鲷、大黄鱼等苗种 110 万尾（粒）以上。通过实施人工鱼礁工程，明显丰富了城洲岛附近海域的渔业资源，改善了生态环境，为建设国家级海洋公园打

城洲岛风光

下良好的生态基础。

（四）大力实施生态修复

承担 1 个中央海域使用金返还生态修复项目，开展城洲岛现场调查、海龟及周边海域生物多样性保护工程、岛陆植被修复工程、水资源处理系统工程、海岛管理配套基础设施工程、海岛生态建设实验基地等六大子项目，以达到修复城洲岛的目的。

广东南澳青澳湾国家级海洋公园

GUANGDONG NANAO QINGAOWAN GUOJIAJI HAIYANG GONGYUAN

保护区名片

地理位置	位于广东省汕头市南澳岛东端，为闽、粤、台三省交界海面，距广东省汕头经济特区仅 11.8 海里，东距台湾高雄 160 海里，北距厦门 97 海里，西南距香港 180 海里
地理坐标	23° 25′ 08.06″ N ~ 23° 27′ 04.41″ N, 117° 10′ 09.10″ E ~ 117° 10′ 08.95″ E
级别	国家级
批建时间	2014 年 3 月
面积	12.46 平方千米
保护对象	区内的海洋环境、珍稀海洋生物和生物多样性
关键词	海上互市、神奇宋井
资源数据	鱼类 700 多种，虾蟹类 40 多种，贝类 500 多种，藻类近百种

广东南澳青澳湾国家级海洋公园

保护区概况

2014 年 3 月 13 日，青澳湾获国家海洋局批准设立国家级海洋特别保护区（海洋公园）。广东南澳青澳湾国家级海洋公园总面积 12.46 平方千米，海岸线 6 634 米，由 1 个重点保护区、1 个适度利用区、2 个生态与资源恢复区及 1 个预留区构成。青澳湾中部沙滩岸线及其部分海域、下游礁石岸线和岛屿归属于适度利用区，用以发展海滨浴场、海上休闲娱乐、休闲渔业、生态景观等海洋生态旅游项目。鲸、豚、龟等珍稀野生海洋生物经常出没的海域为重点保护区。生态与资源恢复区分为 2 个区域：一为紧靠青澳湾中部沙滩东部，受生活和生产污水影响相对严重、生态破坏较为严重的避风塘、出海口及部分相关海域，主要是整治人类生活污染，恢复该区自然生态特性；二为受海浪侵蚀、海洋垃圾污染和人为破坏较为严重的东北部岸滩，主要对岸线资源、鸟类栖息地和海洋生态环境进行恢复。青澳湾东侧岸线及其部分海域具有进行旅游和渔业开发的潜力，故将其划分为预留区。

青澳湾位于南澳岛主岛东部，海水中营养盐丰富，饵料众多，初级生产力高，生物种类多样。此外，青澳湾海域底质主要为岩礁，海底粗糙，起伏不平，礁石林立，生境多样。青澳湾独特的生境和海底地形为许多生物类群，如附着性的海藻、珊瑚动物、埋栖性底栖生物和游泳生物等的创造了优质的栖息、索饵和繁衍场所。

三 功能分区图

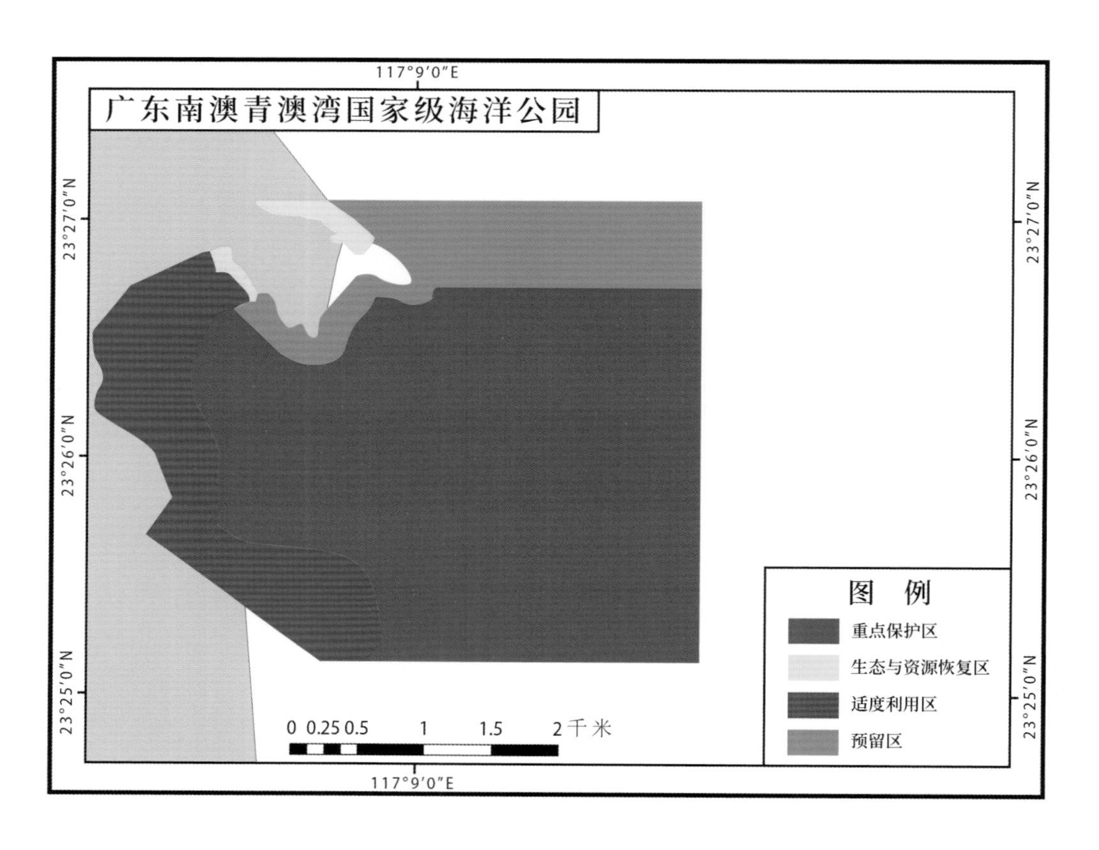

代表性资源

（一）动物资源

蟒蛇

蟒蛇

学　名	*Python bivittatus*
中文别称	南蛇、蚺蛇、琴蛇
分类地位	脊索动物门爬行纲有鳞目蟒科蟒属
自然分布	在国内主要分布于云南、广西、广东、海南、福建

蟒蛇是世界上最大的蛇类品种之一，无毒。蟒蛇体形粗大而长，在野外通常能长到 5 米。雄性蟒蛇的泄殖腔孔两侧具有后肢残迹，但雌蛇退化程度更高，因而后肢残迹很容易被忽略。蟒蛇体背棕褐色或黄色，头颈部背面具一暗棕色的矛形斑，体背及两侧有镶黑边的云状斑纹，体腹黄白色。

蟒蛇为树栖或水栖性蛇类，常分布于热带雨林和亚热带的潮湿森林中，食性广。

蟒蛇繁殖率高峰为 4 月下旬至 5 月下旬，卵生，雌性每次产卵 12 ~ 50 枚，其卵白色，重 30 克左右。雌蟒有蜷伏卵堆上的习性，此时不食，体温较平时升高几度，有利于卵的孵化。

赤点石斑鱼

赤点石斑鱼

学　名	*Epinephelus akaara*
中文别称	红斑
分类地位	脊索动物门辐鳍鱼纲鲈形目鮨科石斑鱼属
自然分布	在我国主要分布于东海、南海

赤点石斑鱼体长，侧扁。口大，下颌微突出。体被栉鳞，侧线完整明显且平直，与背鳍平行。前鳃盖后缘呈锯齿状，后鳃盖骨后缘具 3 个突出的棘。头部、体侧、背鳍及尾鳍均具橙色斑点，在海水中略显红色，故被称为赤点石斑鱼。在背鳍基底还具 1 个大黑斑，黑斑因环境变化会有不同程度的消退。体侧有时会出现 5 条黑褐色横纹。

赤点石斑鱼为暖温性鱼类，主要生活在岩礁底质的海区，常栖居于珊瑚礁丛中的石缝或洞穴中。赤点石斑鱼昼伏夜出，白天隐居洞穴中，晚上出来觅食活动，不结成大群。赤点石斑鱼性情凶猛，以鱼、虾等为食，饥饿时可自相残杀。和其他石斑鱼一样，赤点石斑鱼同样具有性逆转现象，表现为先雌后雄。赤点石斑鱼还具有随光照强度变化而变色的现象，若光照强则体色变浅，反之变深。

（二）植物资源

竹柏

竹柏

学　　名	*Nageia nagi*
中文别称	罗汉柴、大果竹柏、竹叶柏
发类地位	裸子植物门松柏纲松目罗汉松科竹柏属
自然分布	在我国主要分布于浙江、福建、江西、四川、广东、广西、湖南、台湾等地

竹柏为乔木，高 20 ~ 30 米，胸径 50 厘米左右。竹柏树干通直，树皮平滑，红褐色，小块薄片脱落。叶对生，革质，长卵形、卵状披针形或披针状椭圆形，有多数并列的细脉，无中脉。雌雄异株。雄球花穗状呈圆柱形，为单生叶腋，常呈分枝状，总梗粗短，基部有少数三角状苞片。雌球花多为单生叶腋，少数成对腋生，基部有数枚苞片，花后苞片不肥大成肉质种托。种子为圆球形。成熟时假种皮呈暗紫色，有白粉，梗长 7 ~ 13 毫米，其上有苞片脱落的痕迹；骨质外种皮黄褐色，顶端圆，基部尖，其上密被细小的凹点，内种皮膜质。

竹柏喜温暖湿润的环境，可耐阴，不耐贫瘠。竹柏对土壤要求严格，在疏松、肥沃、富含腐殖质的沙质土壤、轻黏土或者森林土壤中生长较好。若土壤贫瘠，竹柏的生长就比较缓慢。

黄杨

黄杨

学　　名	*Buxus sinica*
中文别称	瓜子黄杨、小叶黄杨
分类地位	被子植物门双子叶植物纲黄杨目黄杨科黄杨属
自然分布	在我国主要分布于广西、四川、江西、浙江、贵州、甘肃、江苏、广东、山东等地

黄杨是灌木或小乔木，高 1 ~ 6 米；枝圆柱形，有纵棱，灰白色；小枝四棱形，全面被短柔毛或外方相对两侧面无毛，节间长 0.5 ~ 2 厘米。叶革质，阔椭圆形、阔倒卵形、卵状椭圆形或长圆形，大多数长 1.5 ~ 3.5 厘米，宽 0.8 ~ 2 厘米，先端圆或钝，常有小凹口，不尖锐，基部圆或急尖或楔形，叶面光亮，中脉凸出，下半段常有微细毛，侧脉明显，叶背中脉平坦或稍凸出，中脉上常密被白色短线状钟乳体，全无侧脉，叶柄长 1 ~ 2 毫米，上面被毛。

花序腋生，头状，花密集，花序轴长 3 ~ 4 毫米，被毛，苞片阔卵形。蒴果近球形，宿存花柱长 2 ~ 3 毫米。花期 3 月，果期 5 ~ 6 月。

黄杨喜肥饶松散的土壤，适应微酸性或微碱性土，在石灰质泥土中亦能生长。耐阴喜光，在一般条件下均可良好生长。长期在荫蔽环境中，叶片虽可保持翠绿，但易导致枝条徒长或变弱。喜湿润，耐旱，耐连续一个月左右的阴雨天气，也可在地表土壤未完全干透时生长。分蘖性极强，耐修剪，易成型。秋季光照充分并进入休眠状态后，叶片可转为红色。

（三）旅游资源

自然之门

南澳北回归线标志塔——自然之门，坐落于南澳岛青澳湾的北回归线广场。自然之门是我国建成的第十一座北回归线标志塔，也是我国大陆首座海岛北回归线标志塔。该塔造型在汉字“门”的基础上演变而来。球体半径 3.21 米，对应春分 3 月 21 日；悬臂长 6.22 米，对应夏至 6 月 22 日；从底座到球体高 12.22 米，对应冬至 12 月 22 日。每年夏至正午，太阳直射北回归线时，日影将穿过自然之门上方圆球中心圆管，投影于地台中央。自然之门与北回归线广场为南澳岛增添了一道美丽的旅游风景线。

南澳岛北回归线广场与自然之门

五 历史人文

（一）历史故事

宋井之奇

宋井风景区位于云澳镇澳前村东南海滨，现在由宋井、宋井亭、太子楼遗址等主体景观组成。据载，南宋景炎元年（1276）冬，因元兵进犯，时任礼部侍郎陆秀夫和大将张世杰等护卫宋帝退驻南澳澳前村，

宋井风景区

广东南澳湾风光

挖“龙井”“虎井”“马井”三口井，分别供皇帝、大臣和将士兵马饮用。宋井之奇，在于 700 多年来，古井虽离波涛汹涌的大海仅数十米，但井水甘甜清澈，久藏而不变质，故被称为“神奇宋井”。目前仅发现“马井”，另两口井尚未发现。

（二）民间传说

青澳湾的传说

传说，有一天，东海龙王的 7 个女儿偷出龙宫，前往南海游玩。初至南海，便见海面有一座美丽的小岛，这就是南澳岛青澳湾。岛上的沙滩纯白如雪，海水清澈如镜，山川秀美。如此美景吸引七仙女的驻足，七仙女在此沐浴嬉戏，临走时还留下金钗以作纪念。金钗化为七座礁石。退潮时，礁石裸露；稍有风浪，碧波腾起白浪，七星礁在碎浪朦胧之中若隐若现。

（三）风土人情

宅鱿

宅鱿是出产于南澳的鱿鱼干货珍品，因南澳鱿鱼主产地——后宅镇而得名。

每到夏季的夜晚，当地的渔民就会带上没有鱼饵的“菊花钩”去“掇鱿”。渔民们用氙气灯照着海面，鱿鱼趋光而聚，再用网捕捞。南澳岛的东南海域是我国著名的鱿鱼渔场，这里出产的鱿鱼以体大肉厚质嫩闻名遐迩，吸引众多游客到此一尝鱿鱼鲜美。南澳人晒制的鱿鱼干也独具风味，故而宅鱿声名远播。制作宅鱿需用鲜活的鱿鱼，去除内脏和墨囊等，洗净之后将鱿鱼摊晒在干净的竹帘或网帘之上。每隔一两小时翻面轮晒、扯平拉直，以免因晒干而卷曲。待到半干时，收拢集中，用织品覆于其上，使其发酵出白色的粉末。待完全晒干，便储存于干燥处，即为脍炙人口的宅鱿。

鱿鱼干

土窑鸡

土窑鸡是南澳农家乐主打菜式，做法与叫花鸡类似，是在自制的土窑中进行烘烤。

先用土块垒成一个小堡，在里面生火，待堡内温度较高时，将腌制包好的鸡放入窑中，再将窑推倒，这样滚烫的土块直接包住了鸡，要不了多久，鸡肉就会被捂熟。这种做法也可以做板栗、番薯等，做出的食物别有一番风味。

六 保护区管理

保护区管委会大力加强日常管护和社区宣教，与当地渔政、海警、派出所建立了联管机制，并充分调动社区渔民参与监督和举报，逐步形成了专管和群管相结合的管理模式，有力地打击和遏制了各种违规违法行为，使资源环境迅速得以自然修复。

主要开展了以下建设管理任务：海藻场修复、海岸带整治、管理单位整治、违规养殖场退养还滩、生态恢复和景观建设。

海洋公园已具有良好的建设基础和保障。自成为首批国家级海洋生态文明建设示范区以来，南澳县先行先试，做大做强海洋经济产业，努力实现海洋综合开发大飞跃。

广东南澎列岛海洋生态国家级自然保护区

GUANGDONG NANPENGLIEDAO HAIYANG SHENGTAI GUOJIAJI ZIRAN BAOHUQU

广东南澎列岛海洋生态国家级自然保护区风光

一 保护区名片

地理位置	位于广东东部与台湾海峡西南部，粤、闽、台三省及南海和东海的交界处，东南面为闽南－台湾浅滩，紧贴北回归线
地理坐标	23° 10′ 47″ N ~ 23° 23′ 25″ N, 117° 06′ 26″ E ~ 117° 23′ 44″ E
级别	国家级
批建时间	2012 年 1 月
面积	356.788 平方千米
保护对象	独特的海底自然地貌和近海典型海洋生态系统，重要珍稀濒危野生动物及其栖息地，重要水产种质资源及其生境丰富的海洋生物多样性及复杂的生物群
关键词	粤东门户、南海要冲、浪花岛、南海典型的海洋生物资源宝库
资源数据	海洋生物多达 1 308 种，分属 20 门、113 目、357 科；珍稀濒危保护动物 140 多种，其中渔业品种超过 60 多种

二 保护区概况

广东南澎列岛海洋生态国家级自然保护区是2012年1月经国务院批准建立的。保护区总面积为356.788平方千米，其中核心区、缓冲区和实验区面积分别为125.806平方千米，112.853 1平方千米和118.128 9平方千米，分别约占总面积的35%、32%和33%。

保护区广大海域的底质以岩礁、砂、沙砾和砂泥等为主，生态环境十分多样。保护区因距离大陆较远，受人为破坏影响小，海底仍保持原生态状况。保护区拥有上升流、海岛、海藻场和珊瑚礁等四大生态系统，其中上升流生态系统和珊瑚礁生态系统是地球上公认的最具生命力的海洋生态系统。区内岛屿多为基岩岛，海岛生态系统特征明显。

广东南澎列岛海洋生态国家级自然保护区已先后纳入南澳至东山海洋生物多样性保护示范区和国家首批海洋生态文明示范区的范围内。

三 功能分区图

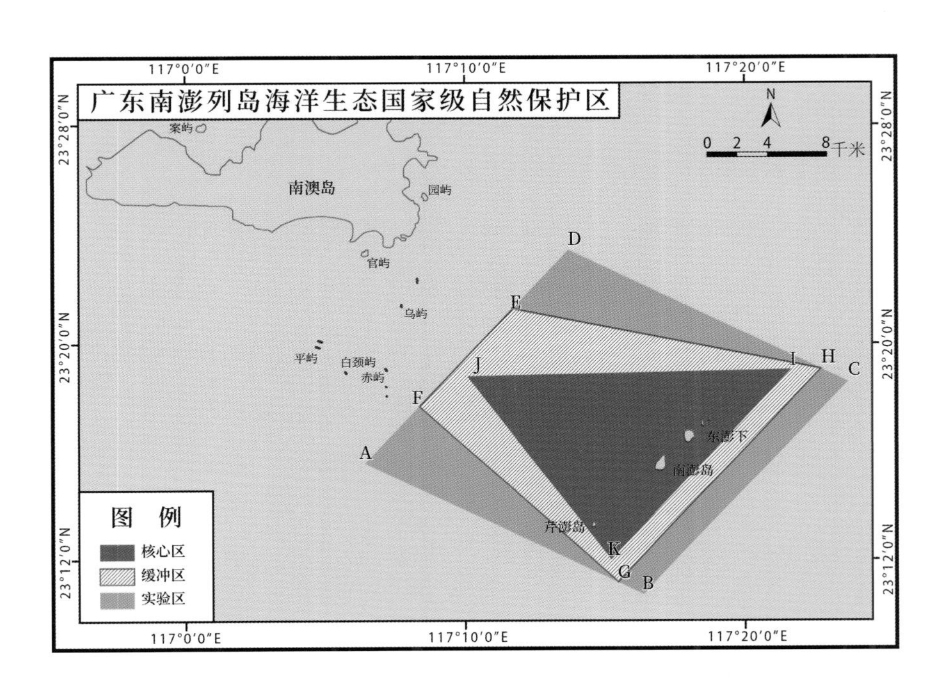

代表性资源

（一）动物资源

鹦鹉螺

鹦鹉螺

学　　名	*Nautilus pompilius*
中文别称	鹦鹉嘴、海螺
分类地位	软体动物门头足纲鹦鹉螺目鹦鹉螺科鹦鹉螺属
自然分布	在我国主要分布于台湾海峡、南海诸岛等地海域

鹦鹉螺外壳光滑，螺旋卷曲，无螺顶。鹦鹉螺外壳由 30 多个腔室组成，软体部藏于最末一室，即被称为“住室”的最大壳室中。其他各室由于充满气体，均称为“气室”。各气室之间有小孔相通，众多小孔组成一个“串管”，气体和水流经此通向壳外，以调节鹦鹉螺在水中的沉浮。鹦鹉螺的腕多达 90 只，但无吸盘，雌性较雄性多。

鹦鹉螺通常夜间活跃，日间则在海底歇息，以触手附于岩石上。鹦鹉螺是肉食性动物，食物主要是小鱼、软体动物、底栖的甲壳类，以甲壳类为多。

伪虎鲸

伪虎鲸

学　名	*Pseudorca crassidens*
中文别称	拟虎鲸、虎头鲸
分类地位	脊索动物门哺乳纲鲸偶蹄目海豚科伪虎鲸属
自然分布	分布于除北冰洋外的温带及热带海域

伪虎鲸体黑色或深蓝灰色。头圆，无喙，上颌比下颌略微前突。背鳍高而呈镰刀形，向后显著弯曲。尾鳍的宽度约为体长的 1/5。口大，口裂朝着眼睛的方向切入，使得它的面孔变得十分恐怖。牙齿大而尖，呈圆锥形。

伪虎鲸游泳速度极快，是水生生物中活跃的泳者。它浮升的幅度极大，经常将整个头部与躯体的大部分出露水面。上浮时，伪虎鲸大张着口，露出成排的牙齿。伪虎鲸为群聚性生物，常成百上千头聚集成群，同伴间眷恋性很强，极少单独活动。

伪虎鲸繁殖周期长，胎生。可全年繁殖，妊娠期 15 ~ 16 个月，繁殖高峰在晚冬到初春，混杂型交配。每年产 1 胎，一胎产一仔，哺乳期 10 ~ 12 个月，初生仔鲸体长 1.5 ~ 2.1 米。雌伪虎鲸性成熟发生在 9 龄，雄性为 18 ~ 19 龄。

橙黄滨珊瑚

橙黄滨珊瑚

学　名	*Porites lutea*
中文别称	钟形滨珊瑚
分类地位	刺胞动物门珊瑚虫纲石珊瑚目滨珊瑚科滨珊瑚属
自然分布	我国南海

橙黄滨珊瑚的珊瑚骼为节瘤脑状，表面近乎光滑或稍微突，甚至呈乳头突出等形状，还形成或浅或深的谷。珊瑚杯浅，网眼状，杯间共骨薄，多边形，直径 1 ~ 1.5 毫米。围栅瓣 5 ~ 8 个，4 对侧隔片上各有一个大的。轴柱有扁平柱状、短柱状或针状，有的杯里缺少轴柱。生活时为紫色、棕黄色、灰色。

橙黄滨珊瑚多呈块状，有的甚至直径达 1 米。其凹凸不平的表面附着着丰富的藻类，为珊瑚礁鱼类提供了良好的觅食场所。有的橙黄滨珊瑚表面还生长着大旋鳃虫，就好像种着许多小圣诞树。

（二）植物资源

浒苔

浒苔

学　　名	*Ulva prolifera*
中文别称	苔条、苔菜
分类地位	绿藻门石莼纲石莼目石莼科石莼属
自然分布	在我国沿海均有分布

浒苔藻体鲜绿色，由单层细胞组成，围成管状或粘连为带状。浒苔藻体为单条或分支状，一般株高可达 1 米，叶片细长扁平状，基部是由茎部细胞延伸的假根丝组成的盘状固着器。

浒苔多生长于高、中潮带的滩涂或石砾上，以固着器附着在岩石上或漂浮生长。浒苔营有性生殖，配子也可单性繁殖，其具有孢子体和配子体同形世代交替的生活史。藻体断裂之后可通过营养繁殖生成新藻体。

浒苔的大规模暴发是一个广受关注的生态问题。单细胞藻类个体小，养分吸收迅速，生长繁殖快，所以一旦有合适的条件，它们就会以惊人的速度大量地繁殖。大量繁殖的藻华生物不仅会堵塞鱼类等生物的呼吸道，使其窒息而死，还会覆盖水体表面，削弱或遮蔽射入水体的阳光，使水中的其他藻类因缺少光照，无法进行光合作用等生理过程而死亡。作为多细胞藻类的浒苔繁殖速度不及单细胞藻类，因而其暴发常晚于单细胞藻华生物，但其暴发的后果仍很严重。此外，浒苔死亡之后还会被水体微生物等分解，从而消耗大量的水体氧气，彻底使它所在的水域成为一潭“死水”。

繁缕

繁缕

学　　名	*Stellaria media*
中文别称	鹅肠草、鹅肠菜
分类地位	被子植物门双子叶植物纲石竹目石竹科繁缕属
自然分布	在我国广泛分布于南北各省

繁缕为一年生或二年生草本，高 10 ～ 30 厘米。茎俯仰或上升，有分枝，被一列短柔毛。叶片卵形或宽卵形，薄草质，长 1.5 ～ 2.5 厘米，宽 1 ～ 1.5 厘米，顶端尖，基部稍心形。

聚伞花序；花梗细，长 0.5 ～ 1.7 厘米，具一列短毛，花后伸长并向下弯；萼片卵状披针形，长约 4 毫米，顶端稍钝或急尖，边缘膜质，外面被短柔毛；花瓣白色，花柱线形。蒴果卵圆形，稍长于宿存萼，含多数种子；种子卵圆形至近圆形，直径约 1 毫米，稍扁，红褐色，具小疣。

繁缕常见于平原至山区的沟边湿地。茎、叶、种子可供药用。

羊栖菜

羊栖菜

学　名	*Sargassum fusiforme*
中文别称	鹿角尖
分类地位	棕色藻门褐藻纲墨角藻目马尾藻科马尾藻属
自然分布	在我国北起辽东半岛、南至雷州半岛沿海均有分布

羊栖菜藻体呈黄褐色，株高一般为 30 ~ 50 厘米，高的可达 3 米，藻体分为固着器、主枝、分枝、叶片和气囊 5 部分。

羊栖菜的生长依靠顶端细胞分裂。随着藻体生长，叶片自下而上逐渐脱落。羊栖菜为雌雄异株、异托，羊栖菜可进行有性或无性繁殖。羊栖菜的孢子体成熟后，在叶腋间生出生殖托。生殖托顶端钝，表面光滑，基部具有柄。一般而言，雌性生殖托较雄托粗壮，雄、雌生殖窝上分别具精子囊和卵子囊，形成精囊母细胞或卵囊母细胞。配子成熟之后释放至水体，结合形成合子，为有性繁殖。

在南海海域，每年 2 ~ 6 月是羊栖菜的繁殖季节。羊栖菜的藻体生长及发育明显受温度、光照、盐度等环境因子的影响。总体而言，羊栖菜喜光，在水质清澈、透明度高、浪大流急的海区生长状态最佳。

南澎列岛风光

（三）旅游资源

南澎岛

南澎岛又名大澎、南澎高岛。在南澳县南澎列岛北部，西北距南澳岛 20.4 千米，距陆地鸡笼角 35 千米。面积 0.362 平方千米。海拔 68.8 米，为南澎列岛的最高岛。

中澎岛

中澎岛在南澳县南澎列岛北部，西北距南澳岛 20.2 千米。南北长 1 千米，宽 0.6 千米，面积 0.469 平方千米。附近有数岛，此岛居中，波涛澎湃，故名。中澎岛为南澎列岛最大岛，属大陆岛，海拔 51 米，由花岗片麻岩组成。岛岸多峭壁。周围有羊角礁、头仔尾等 9 个礁石。明永历十三年（1659）郑成功兵驻中澎，曾掘一井，名国姓井。

中澎岛风光

南澎岛灯塔

南澎岛地处台、闽、粤三地交汇处海域，历来是海疆要塞、兵家必争之地，为中国领海基点。

清同治十一年至光绪元年（1872 ~ 1875），南澎岛就建有灯塔。今灯塔为白色八边形混凝土结构，塔高 22.8 米，灯高 92.2 米，射程 24 海里，为闽粤海上交通要冲，也是中国塔身最高、射程最远的灯塔之一。顶澎、芹澎、赤屿也都有灯桩。

五 历史人文

（一）历史故事

中澎国姓井

南澎列岛的中澎岛，有一口淡水井，人们称之为国姓井。饮水不忘掘井人，出海捕鱼寄居于中澎的渔民，饮用这口井的淡水，都会感念掘井的“国姓爷”郑成功。

明末清初，郑成功驻扎南澳，经常在中澎一带海面操练水兵。中澎没有淡水，淡水要用船从南澎运来，风浪阻隔，很不方便。人多，用水量大，淡水时而接应不上，严重影响水兵操练。郑成功决定在中澎掘井。茫茫海中一小岛，石多土少，士兵们费了好大力气，凿了几处石，掘了几口井，却大失所望，连一点淡水的水珠儿也没有发现。

有一天，郑成功发现一队蚂蚁。他心头一亮，有蚂蚁处必然有淡水。他跟踪着蚂蚁，看见蚂蚁爬进一个小石穴。他急忙召集几个士兵，指着蚂蚁穴附近的乱石堆，说：“在这里掘井，必定有淡水。”

士兵们半信半疑，但不敢违抗命令，只好凿石挖土，掘井寻水。第三天，掘井一米半，果然有水。有淡水了，士兵们在海上操练更有信心了。“国姓爷”挖掘国姓井，井水长流荫后人。

（二）民间传说

土地公传说

南澳岛渔民都敬奉土地神，但是南澳人一般只拜土地公，这其中有一个传说。古时候，台湾一对土地公婆，有急事想渡过海峡到南澳岛。走至海边，忽遇一位妇女在树下痛哭，便问其故。原来，那妇女是海峡对岸南澳岛人，这次随夫出航，遇风翻船，丈夫死在海里，她侥幸漂至台湾海岸，孤苦无依，竟想在这株大树上吊。土地公听后，想救妇人一命，要赠送点钱给她，却遭土地婆反对，说："渔夫遇风，死在海底，何止千万，你勿多管闲事，应赶紧过海峡，到南澳岛去，免得误了自己的事。"土地公听后，对土地婆这种态度很恼火，于是，他只管给钱救济渔妇，并一气之下，单独奔往南澳岛了。后来，被救渔妇返回南澳后，把遇到土地公婆一事说给了乡亲。自此，南澳人就只拜土地公。

（三）风土人情

南澳虾煎

南澳虾煎是南澳人最常吃的当地特色小吃之一，在街边摊随处可见。先将面粉、番薯粉和萝卜丝一同搅拌制成椭圆形的面饼，再在表层裹上些许小虾，下锅煎炸，便做好了南澳虾煎。如若蘸点商家特制的甜辣酱，甜辣咸香，令人食欲大开，咬上一口便觉酥脆松软，再配上广东凉茶，解腻不上火。

海石花糖水

对于朴实的南澳岛民来说，夏天必不可缺的人气单品必属特色糖水——海石花糖水。海石花是用海洋藻类——石花草熬制而成，用高压锅大火煮，之后倒入容器中冷却成型。岛民喜欢刨成小条，加点糖粉，也有的人喜欢加西米、蜂蜜等。夏天食用，清热解渴，行走在夏日的南澳街头，再吃上一碗清凉爽口的海石花糖水，顿感身心舒凉。

保护区管理

保护区管理机构为广东南澎列岛海洋生态国家级自然保护区管理局，内设办公室、资源环境科及技术研究科3个科（室）。2015年分别成立了广东省渔政总队广东南澎列岛海洋生态国家级自然保护区支队和中国海监广东南澎列岛海洋生态国家级自然保护区支队。管理局建设有综合管护基地，总占地5 289平方米，有办公楼1 369平方米。

保护区的主要工作如下。

（一）资源与环境管护

一是建立起专职的保护区管护机构，设立保护区渔政和海监支队，配备相应的管护设施设备，在机构和装备上确保各项工作能顺利开展。二是创新管护手段，摸索“互联网＋保护区”的管护模式，建立起保护区区域实时监控平台以及保护区视频实时监控系统。监控点以中澎岛为圆心，能够实时监控半径10千米范围内的船只航行情况，对重点区域进行全天候实时图像监控，有效加强了对保护区核心区的日常监管能力。三是从基层社区中挑选协管人员，组建协管员队伍，社区共管、共建关系也逐步发展。

（二）科学研究与对外交流

一方面，依托自身的科研队伍，开展资源环境调查监测。数据显示，保护区生物多样性特征突出，生态系统良好，自然环境仍维持在原始状态，管护成效好。另一方面，通过与科研机构、大专院校合作研究项目，促进科研水平的提高，积累了一批科研成果。先后加入汕头市科普教育联盟和中华白海豚保护联盟，优化整合各类资源，不断提升管理局的科教宣传水平和管护水平。实现与上级部门及兄弟单位的视频连接，既加深了交流联系，也提高了工作效率。

（三）宣传、教育与培训

作为“全国科普教育基地”“广东省海洋与渔业局关心下一代科普教育实践基地”和“汕头市海洋青少年科普教育基地”，管理局紧紧围绕海洋科普特色，积极优化宣教环境，提升科普服务品质，建立海洋生物标本馆，受到社区群众和游客的热烈欢迎。此外，管理局联合地方有关单位开展“南澎杯”科普征文比赛、“科普知识进社区”和“走进海洋”等主题科普活动，以海洋科普知识、保护区相关法律法规为主要内容，以群众喜闻乐见的方式，积极引导广大社区群众参与到海洋生态环境保护中来，有效地提高了社区群众的海洋保护意识。在休渔期间开展相关培训班，提高渔民综合素质。联合广东海洋大学和香港渔农自然护理署举行香港渔民培训班。通过图片展示、标本

南澎列岛风光

展示和现场互动等方式，让学员更深入了解世界渔场、我国渔场现状、我国海洋环境资源保护有关法律法规以及方法手段等内容，为两地共同提高渔业管理水平和生产能力做出了贡献。

（四）救助保护动物和增殖放流

设立珍稀濒危野生保护动物救护热线，并通过户外广告、宣传视频等向社会公布，广泛发动群众参与救助工作。增殖放流经济水产苗种，在提高渔业资源涵养量的同时，也为鲸豚类等珍稀濒危物种补充了饵料生物。

广东红海湾遮浪半岛国家级海洋公园

GUANGDONG HONGHAIWAN ZHELANGBANDAO GUOJIAJI HAIYANG GONGYUAN

一 保护区名片

地理位置	位于汕尾市区东部 1 879 平方千米处
地理坐标	22° 62′ N ~ 22° 79′ N, 115° 40′ E ~ 115° 64′ E
级别	国家级
批建时间	2016 年 8 月
面积	18.93 平方千米
保护对象	石斑鱼、海马等
关键词	粤东门户、环珠重镇、粤东麒麟角、南天第一湾
资源数据	渔业种类 73 种，隶属于 13 目 38 科，其中鱼类 38 种，头足 7 种，甲壳类 28 种；8 大类生物群落，生物物种总数超 570 种

广东红海湾遮浪半岛国家级海洋公园

二 保护区概况

广东红海湾遮浪半岛国家级海洋公园位于汕尾市红海湾经济开发区，总面积 18.93 平方千米，其中重点保护区面积约 4.92 平方千米，生态修复区面积约 2.2 平方千米，适度开发区面积 5.98 平方千米，预留区面积约 5.83 平方千米。海洋公园拥有一个海运港口——遮浪港，一个咸水湖——田寮湖，一个入海半岛——遮浪南澳半岛，附近有四大离岛——神秘岛、龟龄岛、遮浪岩（灯塔岛）、菜屿岛。

广东红海湾遮浪半岛国家级海洋公园所在区域生态系统类型丰富多样，包括滨海半岛生态系统、滨海潟湖生态系统、滨海红树林湿地生态系统、近岸海岛生态系统、人工鱼礁区生态系统等。遮浪半岛具有复杂的亚热带特征生物群落类型，物种丰富多样，生物物种总数超 570 种。该海区还是多种珍稀濒危物种和重要渔业经济种类的主要分布区域，比如中华白海豚、绿海龟、棱皮龟、黑脸琵鹭、白琵鹭、卷羽鹈鹕。

广东红海遮浪半岛国家海洋公园旅游资源丰富多样。集碧海蓝天、高山远水、滨海体育、海鲜美食和山海雅居为一体，是其滨海休闲度假旅游最显著的特征。遮浪半岛所处的红海湾则被称为“粤东麒麟角”，有“南天第一湾”之美誉，是“汕尾八景”之一、“全省十大最迷人的滨海旅游景区”之一，也是汕尾市旅游龙头景区。

广东红海遮浪半岛国家海洋公园人文沉淀深厚。遮浪半岛历史悠久，文化底蕴深厚，传统文化资源十分丰富。饮誉海外的海鲜水产、潮汕美食，丰富多彩的民俗风情，庄严的宫山妈祖和古老的佛教文化，盛大隆重的中华妈祖文化节，历史悠久的皮影戏、白字戏、正字戏、西秦戏以及渔歌文化，别具一格的海上渔家民居，博大精深的潮汕、广府和客家文化……无不向人们展示着其丰富的人文景观。

三 功能分区图

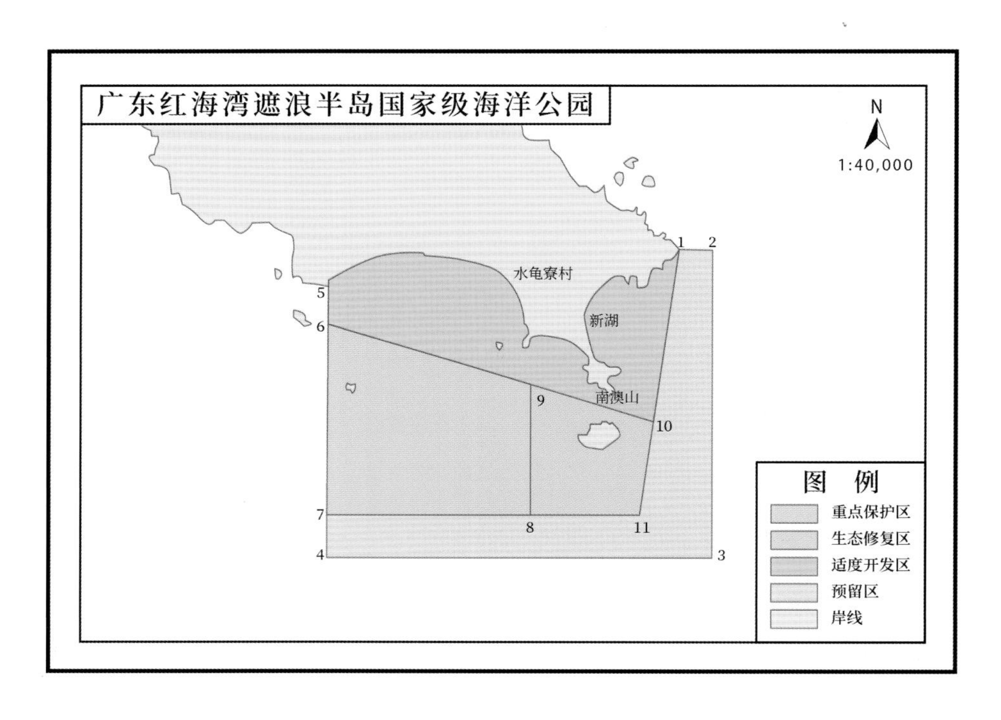

代表性资源

（一）动物资源

克氏海马

克氏海马

学　名	*Hippocampus kelloggi*
中文别称	大海马、葛氏海马、琉球海马、海马
分类地位	脊索动物门辐鳍鱼纲海龙目海龙科海马属
自然分布	在我国主要分布于浙江至广西沿海，包括台湾、海南沿海

相比于其他常见海马，克氏海马体型较大，但在鱼类中则为小型鱼类。克氏海通身淡黄色，体侧具一些不规则的白色线状斑点。克氏海马虽然属于鱼类，但其形体却与鱼类迥异。克氏海马头部似马头，尖端具 5 个短小的棘。颈部弯折，头与躯干部呈直角。躯干部呈七棱形，腹部凸出。尾部呈四棱形，细长而能卷曲。肛门位于躯干第 11 环的腹侧下方。背鳍长而发达，臀鳍较为短小，胸鳍短而宽，略呈扇形。没有腹鳍及尾鳍。克氏海马的体表不具鳞片，主要包被环状的骨板和很多平行的体环，看上去又仿佛是披着铠甲的战马。

游泳时，它的头部向上，垂直地立在水中，依靠背鳍和胸鳍的扇动，直升直降，缓缓而行。克氏海马鱼以毛虾等小型甲壳类动物为食。

克氏海马鱼的繁殖方式是由雄性代替雌性来进行养育后代的工作的，十分特殊而有趣。在雄性的腹部下面、尾的前面，有一个由两层皮褶连接而形成的一个口袋，叫做育儿囊，受精卵即在育儿囊内发育，孵化出小海马鱼。

鲻

鲻

学　　名	*Mugil cephalus*
中文别称	乌鱼青头仔（幼鱼）、奇目仔（成鱼）、信鱼、正乌、粗鳞鱼
分类地位	脊索动物门辐鳍鱼纲鲻形目鲻科鲻属
自然分布	在我国沿海均有分布

鲻体较长，前部近乎圆筒形，后部则侧扁。头两侧略隆起，眼中大且呈圆形，位于头的前半部，脂眼睑发达，伸达瞳孔。鼻孔每侧 2 个，前鼻孔小孔状，后鼻孔横弧状。下颌边缘具绒毛状齿。体被栉鳞，头被圆鳞。体腔大，腹膜黑色。头、背部青黑色，腹部及两侧为银白色，胸鳍基部有一黑色斑块，体侧上半部有几条深色纵带。

鲻喜暖水水域，在 3℃ ~ 35℃都能正常生活，但 0℃就足以致死。鲻稚鱼主要摄食桡足类幼体、猛水蚤、莹虾等，随着生长发育，改为摄食底栖硅藻。鲻鱼能适应不同盐度的海区，为广盐性洄游鱼类，喜群游于浅海或河口等咸淡水交汇处，进入淡水区也能正常活动。一般鱼龄达 3 龄、体重在 2 千克以上，就达到性成熟，这时开始游向外海浅滩或岛屿周围水域产卵。鱼苗在 1 ～ 4 月最繁盛，这时最适于捕捞收集鱼苗，经过一个时期的培育和驯化后，就能在水库、鱼塘、半咸水池塘和其他咸淡水水面大规模放养。

棱皮龟

棱皮龟

学　　名	*Dermochelys coriacea*
中文别称	革龟、七棱皮龟、舢板龟、燕子龟
分类地位	脊索动物门爬行纲龟鳖目棱皮龟科棱皮龟属
自然分布	在我国沿海均有分布

棱皮龟体形巨大，是现存最大的龟鳖类动物，其成体平均体重均超 250 千克，平均体长在 1 米以上。棱皮龟头大，颈短，上喙中部有 2 个三角形齿突，形成 3 个深窝，可将下喙正中的钩纳入。头、四肢及身体均被革质皮肤，无角质盾片。背甲呈心形，无盾片，骨质壳由数百个小骨板镶嵌而成，其中最大的骨板形成 7 行突起的纵棱，腹部有 5 行纵棱，因而被称为“棱皮龟”。棱皮龟四肢巨大，无爪，特化为桨状，游泳迅速，故又有“游泳健将”之称。

棱皮龟主要分布于热带海域的中上层，但在寒温带也可见棱皮龟的分布。即使是在 7℃的低温海水中，棱皮龟也能维持 25℃的核心体温。棱皮龟主要摄食水母。虽然棱皮龟不具牙齿，但其食道内壁有大而锐利的角质皮刺，用以磨碎食物。棱皮龟常把漂浮在海面的白色塑料袋或者其他垃圾当作水母捕食，进而造成肠道阻塞。每年死于白色垃圾的棱皮龟数目与日俱增。

棱皮龟全年均可产卵，但集中在 5 ~ 6 月。成年雌龟在高潮线以上的沙滩掘穴产卵。经过 65 ~ 70 天，幼龟孵化而出，爬回大海，但由于天敌、气候等因素，幼龟的成活率不高。

卷羽鹈鹕

卷羽鹈鹕

学　名	*Pelecanus crispus*
分类地位	脊索动物门鸟纲鹈形目鹈鹕科鹈鹕属
自然分布	在我国产于新疆、青海及山东以南沿海等地；冬季迁至南方，少量个体定期在香港越冬

卷羽鹈鹕体长 160 ~ 180 厘米。上颚灰色，下颚粉红色，下颚有一个橘黄色或淡黄色与嘴等长且能伸缩的大喉囊。上喙前端有一个黄色爪状弯钩。体羽灰白色。头上的冠羽呈卷曲状，枕部羽毛延长卷曲。颊部和眼周裸露的皮肤均为乳黄色或肉色。夏季腰和尾下覆羽略沾粉红色。颈部较长，翅膀宽大，尾羽短而宽。腿较短，脚为蓝灰色，四趾之间均有蹼。

卷羽鹈鹕喜群居，常成群游泳，但却不善潜水。卷羽鹈鹕在陆地行走时，常将颈部弯曲成“S”形，缩在肩部。它们飞行时的姿态很优美，颈高高昂起，与鹭科鸟类相似。卷羽鹈鹕主要摄食鱼类，此外还有甲壳类、软体动物、两栖动物等。

卷羽鹈鹕繁殖期为每年 4 ~ 6 月，每窝产卵 3 ~ 4 枚，由亲鸟轮流孵卵，孵化一般经过 30 ~ 34 天。

卷羽鹈鹕

（二）植物资源

罗汉松

罗汉松

学　名	*Podocarpus macrophyllus*
中文别称	罗汉杉、长青罗汉杉、土杉、金钱松、仙柏、罗汉柏
分类地位	裸子植物门松柏纲松目罗汉松科罗汉松属
自然分布	在我国主要分布于云南、广东、浙江

罗汉松为乔木，高达 20 米，胸径达 60 厘米；树皮灰色或灰褐色，浅纵裂，成薄片状脱落；枝开展或斜展，较密。叶螺旋状着生，条状披针形，微弯，长 7 ~ 12 厘米，宽 7 ~ 10 毫米，先端尖，基部楔形，上面深绿色，有光泽，中脉显著隆起，下面带白色、灰绿色或淡绿色，中脉微隆起。雄球花穗状、腋生，常 3 ~ 5 个簇生于极短的总梗上，长 3 ~ 5 厘米，基部有数枚三角状苞片；雌球花单生叶腋，有梗，基部有少数苞片。

罗汉松的种子卵圆形，径约 1 厘米，先端圆，熟时肉质假种皮紫黑色，有白粉，种托肉质，圆柱形，红色或紫红色，柄长 1 ~ 1.5 厘米。花期 4 ~ 5 月，种子 8 ~ 9 月成熟。

罗汉松喜暖湿气候，耐阴，不耐寒，喜疏松湿润的砂质壤土。罗汉松可适应不同土壤环境，即使是盐碱土也能正常生长。同时，罗汉松对二氧化硫、硫化氢、二氧化氮等多种污染气体的抗性较强，也具有很强的抗虫害能力。

土沉香

土沉香

学　名	*Aquilaria sinensis*
中文别称	香材、白木香、牙香树、女儿香、栈香、青桂香、崖香、芫香、沉香
分类地位	被子植物门双子叶植物纲锦葵目瑞香科沉香属
自然分布	主要分布于广西、海南、福建，是我国地方性物种

土沉香属乔木，高 5 ～ 15 米，树皮暗灰色，几平滑，纤维坚韧；小枝圆柱形，叶革质，圆形、椭圆形至长圆形，有时近倒卵形，长 5 ～ 9 厘米，宽 2.8 ～ 6 厘米，先端锐尖或急尖而具短尖头，基部宽楔形，上面暗绿色或紫绿色，光亮，下面淡绿色，两面均无毛。花芳香，黄绿色，多朵，组成伞形花序。花瓣 10 片，鳞片状，着生于花萼筒喉部，密被毛。蒴果果梗短，卵球形，幼时绿色，长 2 ～ 3 厘米，直径约 2 厘米，顶端具短尖头，基部渐狭，密被黄色短柔毛，2 瓣裂，2 室，每室具有 1 个种子，种子褐色，卵球形，长约 1 厘米，宽约 5.5 毫米，疏被柔毛，基部具有附属体，附属体长约 1.5 厘米，上端宽扁，宽约 4 毫米，下端呈柄状。花期春夏，果期夏秋。

土沉香喜生于低海拔的山地、丘陵以及路边阳处疏林中，一般生于海拔 400 米以下，在海南可上达 1 000 米。土沉香分布区位于北回归线附近及其以南，高温多雨、湿润的热带和南亚热带季风气候。土沉香喜土层厚、疏松性好的红壤或山地黄壤，为弱阳性树种。

（三）景观资源

遮浪奇观

红海湾遮浪半岛濒临南海，山海沙石兼备，湖岛湾屿迥异，被誉为“粤东麒麟角”。因地形及海水流向特殊，遮浪半岛东西两边可谓是“麒麟戏浪两分明”。当东边的海面波涛汹涌，如万马奔腾之时，西边的海面却风平浪静，波光粼粼，苍海平如镜。同一片海湾却有一动一静不同的海面景象，实为不可多得的奇观。

遮浪半岛风光

此外，这里还是国家级的天然浴场，曾多次被选定为帆板比赛的场地。这里的秀美奇观不仅吸引了无数的中外游客，还是许多电视剧和电影外景拍摄的热门取景地。

（四）旅游资源

南海观音风景区

南海观音风景区位于红海湾遮浪半岛东侧。相传，四大菩萨之一的观世音在此地修成正果。时至今日，在该地仍有许多神秘传说和相关圣迹。登临该景区，远眺大海水天一色，惊涛堆雪，近观白沙湖澄静如镜，舟楫如梭。漫步于礁岩之间，流连于圣迹奇景之前，感觉心旷神怡、浮想联翩。

红海湾南海观音像

五 历史人文

（一）历史故事

博美飘色

博美飘色于 2009 年入选省级第三批非物质文化遗产名录。据考证，博美飘色是清朝乾隆三十三年（1768）由苏州传入广东博美。当时有位名为林广神的商人在苏州经营红糖批发生意，适逢当地节举办节日文艺巡游活动。当地逼真的飘色表演吸引了林广神。随后，林广神立即拜当地艺人为师，购买飘色道具，聘请知名艺人到博美授艺。自此，每逢春节、元宵等传统节日，博美都会举办飘色表演，代代相传。

博美飘色可分为顶桩和下桩两部分。凌空而起的历史英雄人物造型称为“飘”，又称顶桩；台面站立的人物造型称为“屏”，又称下桩。两者由不同规格和形状各异的钢条为景梗，有机结合成一个整体来表现飘色的特点。每架飘色高 450 ~ 500 厘米，小舞台是一个长 250 厘米、宽 120 厘米、高 80 厘米的景床，飘色的扮演者年龄必须为 8 ~ 18 岁。过去每架飘色需要 8 人抬着进行巡游，现经改装只需 4 人推进就可外出巡游。

（二）民间传说

南海观音传说

据说当年南海观音四海云游，来到遮浪半岛，她见到碧海青天间有鸥鸟飞、渔舟泛的诗意，见到风平浪静的碣石湾里有渔民带着喜悦满载而归。观音故意变成一个衣衫褴褛、老态龙钟的老妇，乞求丰收归来的捕鱼人施舍食物。哪料得，无论自己如何舌灿莲花，那渔民都铁石心肠不肯施舍，还出言肆意奚落老妇，甚至做出要殴打老妇的恶煞模样。观音感受到人间的丑恶，怒而施法，在海湾掀起滔天波浪。结果，那个

南海观音像

凶巴巴的恶渔民船翻了，最终一无所有。

观音转身向西面行，见到红海湾浪涛汹涌，也有一老渔翁打鱼归来，鱼篓里只有数条小鱼。但是当观音化身的老妇向其乞讨时，老渔翁十分同情孤苦伶仃的老妇，还慷慨地将所有的鱼都送给老妇。观世音感受到了人间的善良和爱心的温暖，就挥手施法镇住风浪，并且现身点化老翁，让善良的好人一生平安、丰衣足食，过上快乐无忧的生活。

（三）风土人情

汕尾渔歌

汕尾渔歌是流传于广东汕尾沿海地区的传统民歌。渔歌具有非常浓郁的海洋气息，著名歌曲《军港之夜》《在希望的田野上》等其中的开头旋律都来自渔歌。

汕尾渔歌内容多样，有关于男女之情的恋情歌、描绘劳作场景的捕鱼歌、关于婚嫁之乐的婚嫁歌，它们用汕尾方言以独唱或对唱或齐唱的形式，唱出了瓯船渔民在漂泊无定的水居生活和艰险重重的捕鱼劳动中的情感体验。汕尾渔歌的歌词格式多为七言四句体，每句都加有衬字，结构工整，用韵也有自己的特点。歌中多以渔民熟悉的鱼、鸟、船、帆以及海水的颜色、海浪、浪花等物象作比兴，使歌词显得生动活泼、饶有趣味，具有浓郁的海洋生活气息和韵味。汕尾渔歌曲调独特，其调式除民歌的五音外，还有明显的有音无义的“拖音”和“复沓”。旋律的节奏型也十分特殊，主干音、落尾音等独具地方特点。汕尾渔歌中具代表性的有担伞调、东风调、丰收调、姑妹腔等。

汕尾渔歌节奏缓和、旋律优美，是一个宝贵的音乐矿藏，也是许多现当代音乐名家的灵感源泉。

广东红海湾遮浪半岛国家级海洋公园风光

保护区管理

汕尾市政府一直强调海洋生态资源保护与可持续利用对于园区建设的重要意义。近年来，为打造城市生态品牌，汕尾市和红海湾经济开发区两级政府加大合作开发力度，开展了红海湾生态专项整顿与治理。红海湾的生态环境明显改善，为建设国家级海洋公园奠定了良好基础。

毋庸置疑，广东红海湾遮浪半岛国家级海洋公园的建设将极大地促进海洋生态文明建设，维持生态系统稳定，带动红海湾旅游经济的发展，实现生态环境保护与海洋经济的齐头并进。

广东阳西月亮湾国家级海洋公园

GUANGDONG YANGXI YUELIANGWAN GUOJIAJI HAIYANG GONGYUAN

一 保护区名片

地理位置	位于广东省西南部沿海的阳江市阳西县沙扒镇，地处粤西沿海
地理坐标	21° 28′ N ~ 21° 33′ N, 111° 27′ E ~ 111° 33′ E
级别	国家级
批建时间	2016 年 8 月
面积	34.04 平方千米
保护对象	水禽候鸟及海洋生物多样性，珍稀水生生物资源及其栖息地与产卵场，我国西南沿海灿烂古文化与传承悠久的民间工艺
关键词	南海典型的海洋生物资源宝库
资源数据	海洋生物有 490 种以上，渔业资源种类达 118 种，旅游资源 8 主类、28 亚类、68 个基本型，约 99 处旅游资源单体

广东阳西月亮湾国家级海洋公园风光

二 保护区概况

广东阳西月亮湾国家级海洋公园是 2016 年经国家海洋局批准建立的。海洋公园位于广东省阳江市阳西县沙扒镇，总面积 34.04 平方千米，其中海域面积 33.75 平方千米，陆地面积 0.29 平方千米。其中，重点保护区面积约 10.95 平方千米，生态修复区面积约 5.49 平方千米，适度开发区面积 7.30 平方千米，预留区面积约 10.29 平方千米。

广东阳西月亮湾国家海洋公园所在区域生态系统类型丰富多样，同时又具有鲜明的地域特点，重要生态系统包括海岛生态系统、滨海湿地生态系统、岩礁生态系统和沙滩生态系统等四大类型。

阳西月亮湾海洋公园被称为“南中国海典型的海洋生物资源宝库”，这里具有独特的自然景观、典型的生态系统和较高的海洋生物多样性，受人为干扰影响较小，处于原始自然状态。因此，这里也是研究海洋生物多样性、全球气候变化、生态环境演化的典型地区。由于月亮湾岸线长，区域沙滩面积广，海水清澈，空气清新，沙质优良，优美的环境、旅游资源和悠久的粤西沿海文化，使之成为世界级的滨海生态旅游度假胜地。

功能分区图

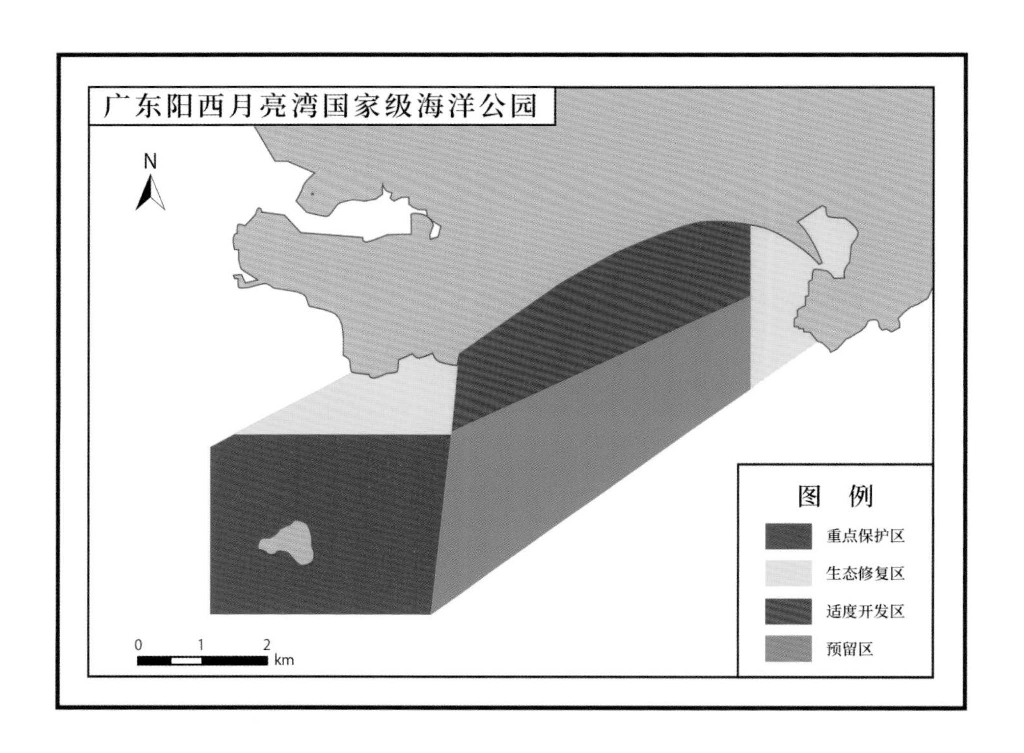

代表性资源

（一）动物资源

花鳗鲡

花鳗鲡

学　　名	*Anguilla marmorata*
中文别称	花鳗、雪鳗、乌耳鳗、溪鳗、芦鳗
分类地位	脊索动物门辐鳍鱼纲鳗鲡目鳗鲡科鳗鲡属
自然分布	在我国主要分布于浙江以南沿海地区及江河干支流

花鳗鲡的体前部呈圆筒状，至尾部体渐侧扁。口部宽，吻平扁，下颌突出。唇厚，上、下唇两侧具有肉质的褶膜。眼距吻端近，表面覆有透明的被膜。具2对鼻孔，前后不相连。体表极为光滑，有丰富的黏液。背鳍、臀鳍均延长至与尾鳍相连。胸鳍近圆形，紧贴于鳃孔之后，不具腹鳍。肛门靠近臀鳍的起点。鳞较为细小，各鳞互相垂直交叉，呈席纹状，埋藏于皮肤的下面。身体背部为灰黄色，密布不规则棕褐色斑，腹面为灰白色。

花鳗鲡多生长于河口、沼泽、河溪、湖塘、水库等环境。白天，花鳗鲡常隐伏于幽暗的洞穴及石隙中，待夜间才外出活动。它们性情凶猛，常轻而易举地捕食鱼、虾、蟹、蛙及其他小动物，也会摄食落入水中的大动物尸体。因体表具黏液，可减少水分蒸发并有辅助呼吸的功能，所以它们可以长时间离开水，所以可在河滩、芦苇丛中捕食，故又有“芦鳗”之称。冬季降雪时，也常见它们在岸边浅滩等处活动，因而又称它们为“雪鳗”。

花鳗鲡是典型降河洄游鱼类，在它的一生中会进行周期性、定向性和群体性的迁徙。每年 3 ~ 9 月在河溪中营穴居生活。10 ~ 11 月时西北风正盛行，花鳗鲡经由河口入海繁殖。产卵之后，亲鱼的生命也就结束。卵随着海流漂荡孵化，初孵出仔鱼为白色薄软的叶状体。在海流的作用下，叶状体进入沿岸地区，开始进行变态发育，变成短的线条状的幼鳗，亦称线鳗。随着生长，幼鳗逐步向淡水河湖水域迁移，进行索食。

驼背鲈

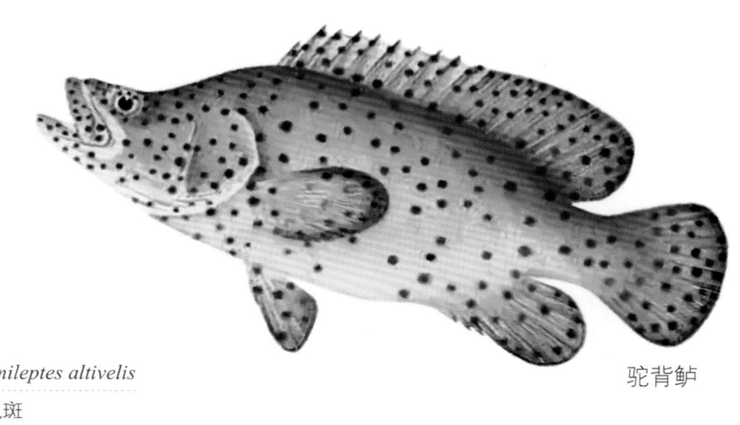
驼背鲈

学　　名	*Cromileptes altivelis*
中文别称	老鼠斑
分类地位	脊索动物门辐鳍鱼纲鲈形目鮨科驼背鲈属
自然分布	在我国主要分布于东海、南海

驼背鲈体长可达 70 厘米，重量大约 3.5 千克。体甚扁平，头背部下凹，背部高耸隆起，背鳍起点为体最高处。头小，吻短尖。尾鳍圆形。体色从白色至褐色呈可变体色，通常为褐色，头、体部及各鳍散布黑色圆点，因此特征形似老鼠而得名老鼠斑。

驼背鲈主要栖息于热带、亚热带多岩礁的海区。幼鱼常出现于潮池中，成鱼栖息于较深水域。驼背鲈性情凶猛、机警，具领地性，属肉食性，以小鱼及小型底栖无脊椎动物为食。驼背鲈具性逆转的特性，为先雌后雄。

（二）旅游资源

沙扒海滨

沙扒海滨倚靠沙扒镇，比邻月亮湾，是阳西旅游胜地之一。

沙扒海滨沙细坡缓，泳场开阔。每年初夏，沙扒海湾人山人海，热闹非凡。人们或投身于碧波之中，挥臂击水，戏于浪尖；或躺于浮床之上，仰观霞飞云流，诗意盈心；或伫立大海边，远眺夕阳西下，一洗心尘。

月亮湾

月亮湾长达 7 000 米的海滩呈弧形展开，湾似虹，沙如玉，犹如一弯新月落在南海之滨。

月亮湾水质清澈，沙质洁白如玉，粗细适中，坡度平缓，身处其间感觉碧海蓝天的环绕，绝对让人乐不思蜀。月亮湾的礁石大小不一，奇形怪状。拜海水所赐，这里形成了一个个小水池，还有一些小小的水帘洞。月亮湾有着“东方夏威夷”的美称，军旅电视剧《火蓝刀锋》在此取景。

阳西月亮湾风光

青洲渔火

青洲渔火，是“阳西八景”之一，更是海上一大奇观。

青洲岛距沙扒海面约 5 千米，这里风平浪静，海产资源丰富，是浅海作业的理想场所。每年春秋季节的晚上，打鱼人各驾一叶小舟云集于此。渔灯一亮，便是“照火”作业，闪烁的渔火吸引众多鱿鱼等趋光生物群集到小船周围，打鱼人仅凭网就将它们一兜而上。幸运的话，一晚可以捕获一两百斤的渔获物。远望海面，点点渔火摇曳于如镜海面之上，构成了小岛独特的“青洲渔火”奇观。

历史人文

（一）历史故事

阳江刀剪的起源

古代岭南巾帼英雄冼夫人的孙子冯盎“少有武略将才”。隋朝时期，冯盎曾任宋康县（今阳西一带）县令。隋炀帝伐辽东时，冯盎任左武卫大将军。唐初，冯盎曾任武卫大将军、荆州都督，封越国公、耿国公等职。公元 646 年，冯盎病死，葬于阳江城内北山脚下。

据传，冯盎随隋炀帝伐辽时，委托在阳江的铁匠麦可信及其子麦崇喜赶制兵器。麦氏父子经过 82 次试验，悟出了淬火秘技，终于造出了一把软硬适中、削铁如泥又不卷刃的大刀。

为了铭记这 82 次试验，父子俩在这把 108 斤重的大刀上锉上 82 道波浪形饰纹以作纪念，装上酸枝木柄。冯盎带着这把大刀南征北战，杀敌无数，所向披靡。去世前，冯盎留下遗言：死后要与这把刀合葬。现在阳江的刀剪业者则把这段佳话作为阳江刀剪的起源。

（二）民间传说

神水节传说

农历七月初七是阳西县的传统节日——神水节，神水节以其独特的民俗特色而深受民众喜爱。相传，农历七月七日之水自天上银河而来，是仙女之泪，能净化身心、去病除害、消灾辟邪，有辞旧迎新之意。自当天子夜起，男女老少纷纷下河入海，人们争相“雾神仙，承甘露”，村中一派喜庆气象。

阳西人民还举行隆重仪式再现千年前“仙女送神水”的传说。美丽的“七仙女”身着七彩霓裳，用净瓶竹篮从新圩镇东水村取回“神水”，两名男子手举“国泰民安”“风调雨顺”的金色大字红色幡旗紧随其后。“七仙女”踏着红毯，将“神水”送至“神水缸”，手持翠枝，翩然起舞，以示祈福。待仪式结束，人们便开始肆意欢乐地泼水，以求神水护佑无灾无病。此外，还有渔家婚嫁、沙扒湾印象部落音乐节等独具特色的节目。

（三）风土人情

番薯粥

阳西人过去以番薯放入米中加水同煮成稀饭，俗称番薯粥。番薯粥在过去相当长时期，是作为阳西人主食的，不少阳西贫困家庭靠着它活下去。同为番薯粥，阳西不同地域各有不同吃法。一些地方放番薯在粥中煮熟，然后捞上来，先吃番薯后喝粥；一些地方用簸箕装着洗干净的番薯，放粥镬中炊熟，边吃番薯边喝粥；还有的地方干脆把番薯放粥中伴煮，一口番薯一口粥就着吃。不管怎样吃，吃的目的一样，就是省点大米，好度饥荒。

真正好吃的番薯粥是选取冬季收获的番薯，放置二三月，番薯回糖以后，将番薯去皮放粥中慢火炖煮，米全开后停火凉冻，这种番薯粥清甜可口，喷香爽滑，乃吃食中的上品。

蒸禾虫

阳西依山傍海，浅海河涌密布，是禾虫（疣吻沙蚕 Tylorrhynchus heterochaetus）生长的极佳场所。禾虫形似蜈蚣，有红、黄、青、蓝、紫多种体色。每年 5 ~ 8 月，天气变化异常时，近海围田、河道旁的禾虫泛滥，那时只需用竹器往水中一捞，就能捞起满满四五桶的禾虫。

禾虫不仅味香，而且营养价值极高，烹煮方法各式各样。只需简单的鸡蛋、瘦肉，加以姜、葱、油、盐等配料，就能做成一道上好的肉菜。

六 保护区管理

广东阳西月亮湾国家级海洋公园于 2016 年 8 月成立，已落实管理机构和管理经费，制定有关规章制度，开展海洋公园的勘界和立标工作。

广东阳西月亮湾国家级海洋公园风光

广东海陵岛国家级海洋公园

GUANGDONG HAILINGDAO GUOJIAJI HAIYANG GONGYUAN

一 保护区名片

地理位置	位于广东省阳江市西南端
地理坐标	21° 31′ 51.70″ N ~ 21° 34′ 39.28″ N, 111° 49′ 27.61″ E ~ 111° 52′ 20.06″ E
级别	国家级
批建时间	2011 年 5 月
面积	19.27 平方千米
保护对象	珍稀濒危海洋生物物种、经济生物物种及其栖息地，以及古代海上丝绸之路海域、水下历史遗迹等
关键词	东方夏威夷、南方北戴河
资源数据	遗址遗迹有 3 个基本类型、6 个资源单体

二 保护区概况

广东海陵岛国家级海洋公园位于广东省阳江市海陵岛南部，是于 2011 年 5 月批准建立的国家级海洋特别保护区。广东海陵岛国家级海洋公园以海陵岛南北沿海大角湾为主体，总面积约 19.27 平方千米，其中陆地面积约 1.37 平方千米，海域面积约 17.90 平方千米。

保护区以海岛海湾及海洋生态系统（生态景观）为保护对象，主要保护规划区域范围内的生态景观和本海域的渔业海洋生物及珍稀野生生物多样性，包括中华白海豚、中国鲎、绿海龟、玳瑁、太平洋丽龟、文昌鱼、黄唇鱼等。

海陵岛历史悠久，文化底蕴深厚，传统文化资源十分丰富。饮誉海外的海鲜水产、闸坡美食，丰富多彩的民俗风情，庄严的天后宫和古老的佛教文化，盛大隆重的开渔节、放生节，精彩的国际沙滩排球比赛和风筝竞技，技艺精湛的民间工艺，别具一格的渔家民居，奇异独特的疍家婚俗，博大精深的远洋航海文化等，无不向人们展示着丰富的人文内涵。

海陵岛国家海洋公园前望大海澎湃，近处沙柔滩平。水中安全地带宽阔，游客容量大，颇受游人青睐。值得一提的是本区沿岸两端为基岩海岸，山势险要，林荫遍布，曲径通幽。海滩上巨石列布，或突兀峻峭，或浑圆平整，奇形怪状，气势磅礴。海陵岛的最西角，特有“马尾夕照”的景观，是观日落的绝妙地点。当夕阳欲坠时，游人可驻足于此，静观那红日沉入远海的片刻辉煌。

三 功能分区图

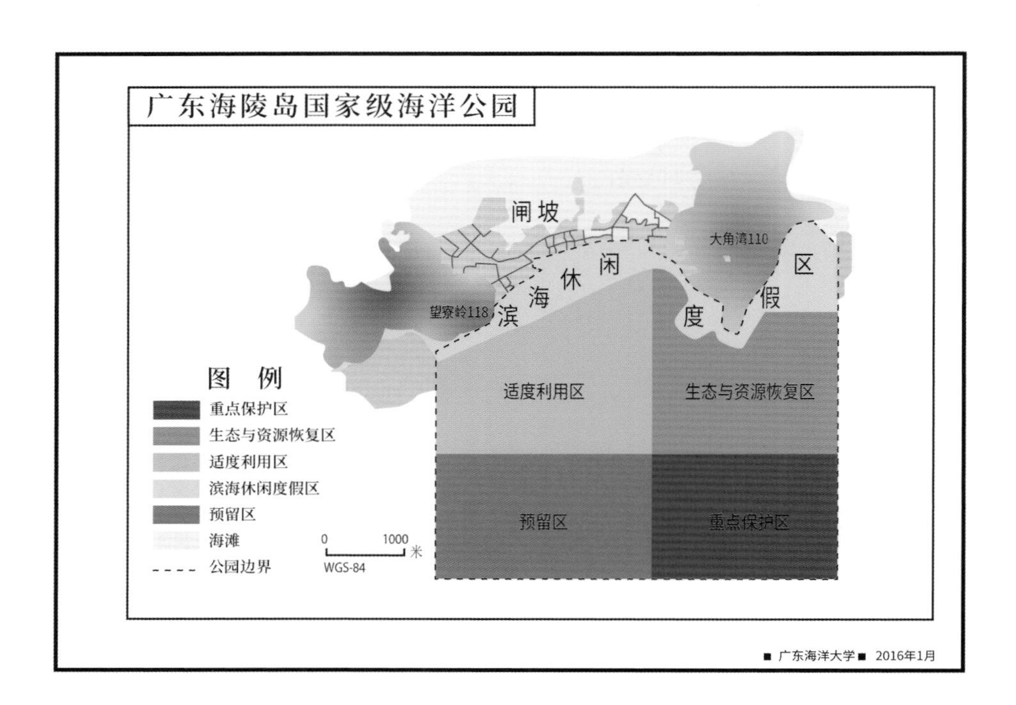

四 代表性资源

（一）动物资源

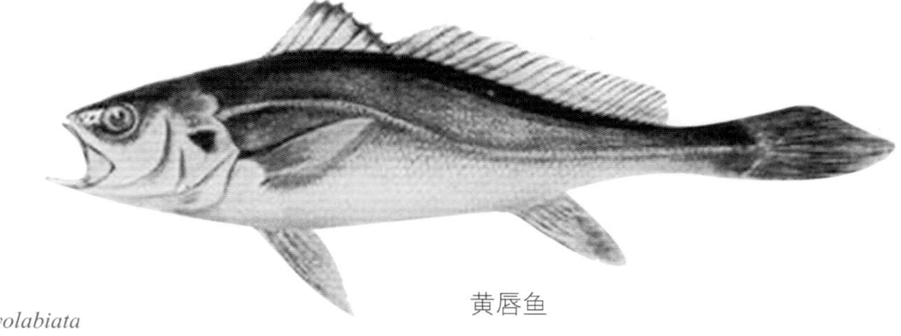

黄唇鱼

黄唇鱼

学　　名　*bahaba flavolabiata*

中文别称　金钱鳘、金钱鱼

分类地位　脊索动物门辐鳍鱼纲鲈形目石首鱼科黄唇鱼属

自然分布　分布于东海和南海北部，为中国特有种类

黄唇鱼体长、侧扁，尾柄细长，吻突出，头部被小圆鳞，体被栉鳞，体背侧棕灰带橙黄色，腹侧灰白，胸鳍腋部有一黑斑。眼似铜铃，上侧位；口端位，斜裂；牙细小；背鳍连续；臀鳍第二鳍棘粗长，尾鳍楔形。

黄唇鱼幼时生活于淡咸水交汇的河口区域或江河下游淡水区，成鱼则栖息于水深50米左右的外海，主要以虾、蟹等甲壳动物为食。黄唇鱼喜居于水深流缓的海域。水清时，黄唇鱼则集群，水浊时分散。

黄唇鱼在清明至谷雨时期产卵，产卵后的雌性黄唇鱼腹部鳞片粗糙，疑是产卵时摩擦硬物所致。

太平洋丽龟

太平洋丽龟

学　　名	*Lepidochelys olivacea*
中文别称	榄蠵龟、丽龟、多盾海龟
分类地位	脊索动物门爬行纲龟鳖目海龟科丽龟属
自然分布	在我国沿海均有发现，多在东海、南海

太平洋丽龟背甲长不超过80厘米，体重可达45千克。头背部有2对前额鳞。肋盾多，一般6～9对，第一对肋盾与颈盾相接。腹部有4对下缘盾，每枚盾片的后缘有一小孔。四肢扁平呈桨状，覆有大鳞。头背、背甲、四肢背面等部位均为暗橄榄绿色，腹甲为淡橘黄色。

太平洋丽龟栖息于热带、温带浅海海域。在水深 80 ~ 110 米的地区，用捕对虾的拖网常可捕到丽龟。太平洋丽龟为杂食，一般捕食底栖及浮游生活的甲壳动物、软体动物、水母等无脊椎动物，偶尔也食鱼卵和植物性食物。

幼龟一般需要 12 ~ 30 年才达性成熟。每年 9 月至翌年 1 月为产卵期，雌龟有集群上岸产卵现象。产卵后，太平洋丽龟会在巢区附近海域或觅食地活动。幼龟的孵化大概需要 2 个月。

（二）历史资源

军事遗址

海陵岛闸坡镇是沿海军事重地，在清朝时是军事设防的重点，也屡次被海匪攻毁。闸坡港炮台山上的古炮台，为阳江总兵潘庆于咸丰九年（1859 年）所建，是现存最完好的炮台之一，见证了闸坡古道历史的变迁。此外，大角山嘴还保存有解放初期的前沿瞭望哨、军营、战壕、碉堡等军事遗迹，具有丰富的人文内涵和历史意义。

五 历史人文

（一）历史故事

海陵岛的由来

实际上，最初海陵岛并不叫“海陵”。因海陵岛的地形似一只横卧的海螺壳，故古人取名为螺岛（或罗州、螺洲）。后来，随着地理变迁，海陵地势升高，从海上浮起来，成了名副其实的“海中丘陵”，故更名为“海陵”。古书有载：“海陵旧名螺洲，又名螺岛。最高者草王山，山上有磐石，非人力可致，而粘蚝壳。”由此可见，海陵确实是从一个“小海螺”慢慢变成了“大海陵”。

（二）风土人情

拉地网

拉地网是一种传统的浅海捕鱼方式。一般由两艘渔船在海中布下巨网，沙滩上的渔民将巨网两端的总纲拉上岸，此时网中早已笼络各种鱼虾。拉地网是海滨人文风景中饶有情趣的一幕。许多游客慕名而来，只为亲身参与拉地网，体会劳动后收获的喜悦，在沙滩上留下齐唱拉网小调的倩影。

收网的场景

保护区管理

2015 年 7 月，经阳江市机构编制委员会同意独立设置海洋与渔业局，并加挂广东海陵岛国家级海洋公园管理局牌子。

主要开展的工作有：一是建设滨海丝绸之路栈道，全长 2 176 米，已完成主体工程，该项目已通过区财政支付专项资金 393.89 万元，在建护坡工程 167 万元，计划续建工程 600 万元；二是已完成渔业增殖放流项目，投入资金 105.5 万元；三是开展了广东海陵岛国家级海洋公园编制工作；四是竖立 1 个海洋公园标志和 11 个陆地界碑。

广东特呈岛国家级海洋公园

GUANGDONG TECHENGDAO GUOJIAJI HAIYANG GONGYUAN

一 保护区名片

地理位置	位于广东省湛江市湛江湾，包括特呈岛陆地及其海域
地理坐标	21° 06′ 13″ N ~ 21° 10′ 09″ N, 110° 24′ 44″ E ~ 110° 28′ 25″ E
级别	国家级
批建时间	2011 年 5 月
面积	18.932 平方千米
保护对象	红树林生态系统和人工鱼礁
关键词	特呈岛、冼太庙
资源数据	珍稀保护爬行动物较丰富；亦十分适合鸟类栖息，该地有鸟类 144 种

广东特呈岛国家级海洋公园风光

二 保护区概况

广东特呈岛国家级海洋公园于 2011 年 5 月批准建立。保护区位于广东省湛江市湛江港湾，包括特呈岛陆地及其周边海域。保护区总面积为 18.932 平方千米，包括重点保护区 1 平方千米，生态与资源恢复区 6.332 平方千米，适度利用区 8.40 平方千米和预留区面积 3.20 平方千米。主要保护对象为海岛、红树林生态系统和人工鱼礁。自 2011 年年底开始，保护区进行清理拆除养殖网箱及各种非法养殖设施、碍航物，红树林生态系统得到有效保护；每年进行的增殖放流活动使海洋经济鱼类品种与数量不断增加。

特呈岛作为一个四面环海的小型岛屿，长期以来受海潮、台风、周边繁忙的商港活动及海洋作业等影响，滩涂侵蚀严重，大片的红树林已经被围垦成鱼塘、虾塘和盐田。海洋公园建立后，自然生态环境状况逐步好转。

特呈岛最受人喜爱的红树林，在管护平台建成后，生机勃勃，大量候鸟在此栖息过冬，滩涂湿地重现各种浅滩生物如招潮蟹、虾虎鱼等。

功能分区图

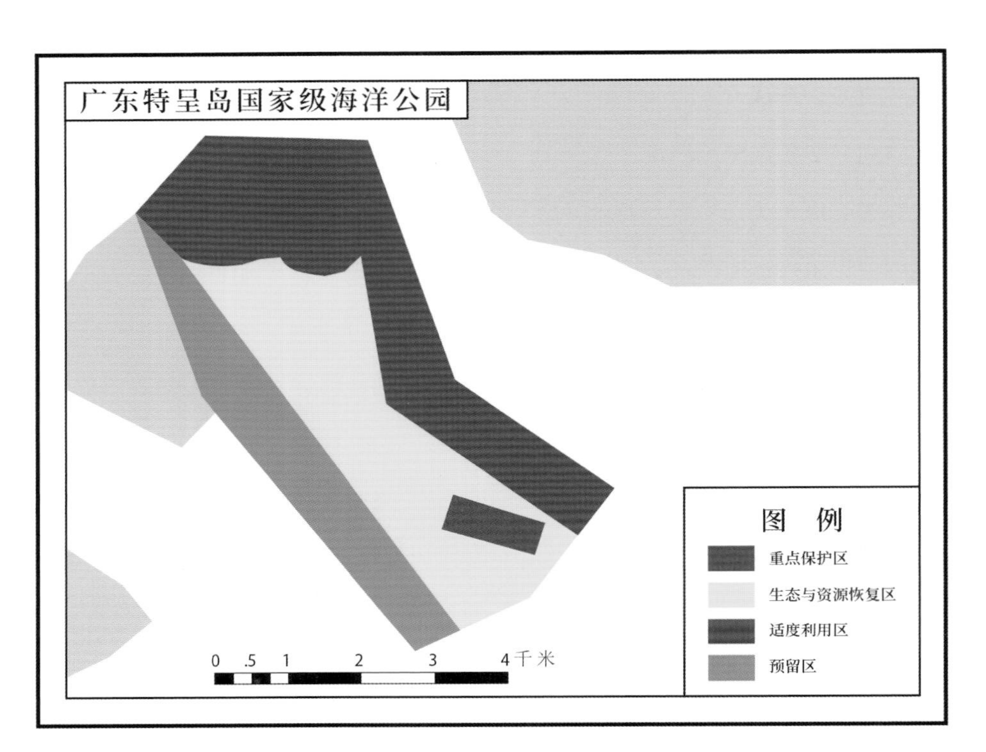

四 代表性资源

（一）动物资源

犬牙缰虾虎鱼

犬牙缰虾虎鱼

学　　名	*Amoya caninus*
中文别称	甘仔鱼、犬牙细棘虾虎鱼
分类地位	脊索动物门硬骨鱼纲鲈形目虾虎鱼科缰虾虎鱼属
自然分布	在我国分布于东海、南海

犬牙缰虾虎鱼身体延长，头中大，后部侧扁。吻略短而圆钝。眼间隔较窄小。口裂大，斜裂，口裂可达眼中部的下方。唇肥厚。体被中大型的栉鳞，头背侧及胸部、腹部被鳞。尾鳍呈长圆形。体呈黄绿色，头侧和体侧具亮绿色和红色小点。体侧正中有 5 个较大的紫黑色斑块，排成一纵行。背侧有 4 ～ 5 个不规则的黑褐色大斑块。眼后方到第一背鳍起点间具 2 条灰黑色横带。

犬牙缰虾虎鱼为近海暖水性小型鱼类，栖息于红树林、河口及泥沙底质环境。耐盐性较广，但不能在纯淡水中生存。食肉性，以鱼类及其他小型底栖动物为食。

犬牙缰虾虎鱼体内含河豚毒素，以内脏含量最高，其次为生殖腺、头部、皮肤及肌肉。为安全起见，应避免食用此鱼。

（二）植物资源

喜盐草

喜盐草

学　名	*Halophila ovalis*
中文别称	海蛭藻、龟蓬草
分类地位	被子植物门单子叶植物纲泽泻目水鳖科喜盐草属
自然分布	在我国主要分布于台湾、海南等省及广东沿海岛屿

喜盐草为多年生海草，生于浅海中。茎匍匐，细长，易折断，节间长 1 ～ 5 厘米，直径约 1 毫米，每节生细根 1 条、鳞片 2 枚。鳞片膜质，透明，近圆形、椭圆形或倒卵形，先端微缺，基部耳垂状，外面鳞片长 5 ～ 5.5 毫米，宽 3 ～ 3.5 毫米，内面鳞片中肋隆起呈龙骨状，边缘波状，长 4 ～ 4.5 毫米，宽约 3 毫米。叶 2 枚，自鳞片腋部生出；叶片薄膜质，淡绿色，有褐色斑纹，透明，长椭圆形或卵形，长 1 ～ 4 厘米，宽 0.5 ～ 2 厘米，先端圆或略尖，基部钝形、圆形或楔形，全缘呈波状。花单性，雌雄异株；雄花被片椭圆形，伸展，长约 4 毫米，宽约 2 毫米，白色，具黑色条纹，透明；花药长圆形；花柱细长，柱头 3 个，细丝状，长 2 ～ 3 厘米。果实近球形，直径 3 ～ 4 毫米，具 4 ～ 5 毫米长的喙；果皮膜质。种子多数，近球形，径小于 1 毫米；种皮具疣状凸起与网状纹饰。花期 11 ～ 12 月。

（三）景观资源

红树林

特呈岛空气清新，景色旖旎。岛上东南隅密布着千年古林，这里是被誉为“海上森林”和“千年盆景”的国家级重点保护红树林区。这些已有上千年历史的海中古木，密密扎扎，耸翠团团。退潮时，露出粗壮的红树根，盘根错节，形态独特。

特呈岛红树林

白沙滩

特呈岛沙滩全长约 3 千米，沙质细腻洁白、晶莹剔透。如雪的沙滩交融着深蓝的海湾，宛如浮于海上的明珠，也有人称其为“中国的马尔代夫”。游人在沙滩上散步游玩，观海听涛，看潮涨潮退，休闲尽享。

火山石

据考证，特呈岛原与大陆相连，后因远古火山喷发而与大陆分离形成海岛。如今，在岛上仍随处可见被风化的红色火山石。

火山石

火山石，实际上是多孔玄武岩，是由火山玻璃、矿物与气泡形成的非常珍贵的多孔形石材，其中含有钠、镁、铝、硅、钙、钛、锰、铁、镍、钴和钼等几十种微量元素。除了被开发为新型的功能型环保材料，火山石现在各行各业中也发挥着重要作用，例如水利、研磨、滤材、园林造景、无土栽培等领域。

（四）旅游资源

冼太庙

冼夫人，本名冼英，高凉（今广东阳江）人，我国古代杰出的政治家、军事家。她一生经历了混乱动荡的梁、陈、隋 3 个朝代。在各地分裂割据的年代，冼夫人一生都在为维护民族团结，坚持统一、反对分裂奔走。而且她屡降叛军，让废置 600 年之

特呈岛冼太庙

久的海南岛回归祖国。民间称之“岭南圣母”，周恩来总理更是称其为“中国巾帼英雄第一人”。

民众感念于冼夫人的丰功伟绩和高风亮节，兴建了冼太庙以示纪念。仅特呈岛上就有 7 座纪念冼夫人的庙宇，这实属罕有。每年元宵和农历十一月，特呈岛上会举办隆重的祭祀活动，其延续时间之长，规模之大，场面之活跃，更是民俗文化中的一绝，尽显特呈岛古朴、深厚的人文底蕴。

五 历史人文

（一）历史故事

特呈革命故事

特呈人民秉承中华民族优良传统，勤劳勇敢，坚持正义，维护民族尊严，爱国保家。早在 1898 年 4 月法国侵略者强行登陆南三岛时，特呈乡民就积极参加由陈跃龙、陈竹轩发起领导的南三人民抗击法国侵略者入侵行动，他们手持木棍、长矛、刀叉、锄头，包围法国侵略者驻地进行示威抗议，揭开了 1898 年湛江人民抗法斗争的序幕。随后，特呈乡民加入麻斜抗法行列，在烟楼岭歃血盟誓，捣毁法军修建的工事，迫使其停止施工。

1899 年农历五月，在吴川抗法指挥部的领导下，特呈乡民奋不顾身、英勇杀敌，一举拔除侵略者的立界桩，在我国维护民族尊严、抗击外来侵略的历史上留下了光辉的一页。

抗日战争时期，特呈乡民同仇敌忾，义无反顾地投身抗日救亡运动。1941 年为发动全岛民众参与抗日，吴福田受时任湛江市副市长沈斌的指派来到特呈岛，以太邱学校为据点，创办了抗日救亡夜校。夜校以教唱抗日救亡歌曲、公演爱国歌剧等形式进行抗日教育，一时间抗日的星火燎原，众多乡民积极抗日。解放战争时期，作为革命的堡垒区，特呈岛乡民掩护地下党员从事革命活动，开展武装斗争，协助共产党员粉碎国民党野心、扫荡清剿国民党势力。解放初期，特呈人民主动支援海南岛的解放工作，协助解放军渡海训练。许多民众以舵手或船工身份，直接参加渡海战役。如今的特呈岛被列为湛江市革命老区，岛上的里村革命旧址为市文物保护单位。

（二）民间传说

特呈岛传说

关于特呈岛的由来有一个神奇的传说。相传，有一名仙人下凡时，可怜海边居民无地可种，家徒四壁，决定帮助海边人摆脱生活的困顿。因海龙王禁止居民下海捕鱼，仙人决定连夜挑土填海造田。当仙人挑着土到半路时，已是鸡鸣五更天。仙人便急忙放下这担土，赶回天上去。于是这担土就变成了两座小岛。人们为感念这位仙人的恩德，便把其中一座岛取名为东头山岛，另一座岛为特呈岛，意为“神仙特意呈送的东西”。这就是特呈岛名字的由来。

冼夫人带兵驱海盗

我国海岛渔村民众多崇尚妈祖，兴建天后宫，在海岛建冼夫人庙的实为罕见。不同于其他海岛岛民，特呈岛岛民却世代传颂冼夫人，并有大规模的祭祀活动。

特呈岛人民建庙立碑，铭记冼夫人带兵驱海盗的英勇功绩。南北朝时，特呈岛原是一座荒岛，海盗、匪贼常以此为据点，打家劫舍，致使民不聊生。为消除岛上匪患，冼夫人协同高州刺史鬭匪，还亲自带兵到特呈岛抗击海盗。冼夫人的英勇善战令海贼闻风丧胆，落荒而逃，于是海岛及周围水域得以太平。中国民间有为伟人立庙纪念的习俗，当地百姓感念冼夫人的恩德，建庙祭祀，自此冼夫人在特呈岛受世代敬仰，于是特呈岛形成了独特的冼夫人文化。

（三）风土人情

蛤蒌饭

蛤蒌饭是广东湛江的特色美食名片。蛤蒌饭的制作并不繁复，先将蛤蒌叶剁碎，用油翻炒至半熟，再与大米同煮，就制成了蛤蒌饭。这种饭油而不腻，独具香气。蛤蒌饭所用的蛤蒌叶是一种野生的藤生植物——假蒟，广布于湛江地区，常见于是丘陵地势明显的灌木丛中。蛤蒌叶具有一定的药用价值。当地人认为，蛤蒌有滋阴功效，女性使用大有裨益，能够减少色斑、调节内分泌、产后补血气等。

田艾米粒

田艾米粒在广东湛江地区十分常见，是湛江地区上敬祖宗、下拜天地、祛邪护体的祭祀供品。逢年过节时，家家户户都会做田艾米粒。草长莺飞之时，春耕的田野上田艾正盛。人们采下田艾嫩苗，洗净、煮熟后捣成泥，拌入糯米粉中搓揉制成皮。田艾米粒的馅料有咸甜之分，咸馅主要是花生、萝卜干、虾米或绿豆，甜馅多是椰丝或芝麻糖。田艾米粒不仅是湛江地区饮食民俗的传承，更是药食同源智慧的体现。据《食物本草》记载，田艾能祛湿、驱寒、暖胃、清肠及避邪气等。

年例

年例盛行于粤西鉴江、罗江流域一带，尤以茂名、湛江两地最为隆重，具有很强的地域特色。正如民间所言“所谓年例，即是年年有例”，粤西地区各村的年例日期不同，一般年例就一天，在正月初二到二月底之间，有的村是 1 ～ 3 天，翻秋年例则会出现在农历三月之后。

年例，以游神、摆宗台为主，并伴有丰富多样的民俗文化表演和群体性祭祀活动，人们敬神、拜祖先、祭祀社稷，祈祷风调雨顺、国泰民安。欢乐的节庆活动表达了粤西人民对美好生活的向往和祝福。

粤西年例

保护区管理

（一）实施分区保护管理

根据拟规划的特呈岛国家海洋公园生态系统的重要程度和生态敏感程度，以及对特别保护区的功能分区定位，对特呈岛国家海洋公园保护区及其周边生态系统实施设置不同级别的生态保护管理目标及管理措施。

该区以生态优先为原则，生态旅游设施建设及其生态维护为管理主体，突出旅游设施建设与生态环境景观的协调，满足鸟类等野生动植物及其生境保护，原住民居与外来旅客旅游休闲观光度假较高舒适度要求，遵循循环经济学原理，营建国际生态人居示范区，实现“清洁家园、清洁田园、清洁水源、清洁能源”的海岛生态系统优化经济、文化、社会结构。

（二）保护管理规章制度建设

根据《中华人民共和国海洋环境保护法》《中华人民共和国海域使用管理法》《中华人民共和国自然保护区条例》《广东省湿地保护条例》等有关法律法规，制订《广东特呈岛国家级海洋公园管理办法》，加大保护区管理的执法力度，运用法律手段，严厉打击在特呈岛国家海洋公园进行乱捕滥猎、偷砍盗伐及非法开采海砂等违法犯罪行为，保护好野生动植物资源及其栖息地，使野生动植物保护真正落到实处。

广东徐闻珊瑚礁国家级自然保护区

GUANGDONG XUWEN SHANHUJIAO GUOJIAJI ZIRAN BAOHUQU

广东徐闻珊瑚礁国家级自然保护区风光

保护区名片

地理位置	位于广东省雷州半岛的西南部
地理坐标	20° 10′ 36″ N ~ 20° 27′ 00″ N, 109° 50′ 12″ E ~ 109° 56′ 24″ E
级别	国家级
批建时间	2007 年 4 月
面积	143.785 平方千米
保护对象	珊瑚礁生态资源
关键词	粤北丹霞山、粤西珊瑚礁、万岁娘、中国最美的海岸
资源数据	有刺胞动物门珊瑚虫纲 3 目 19 科 82 种；礁栖无脊椎动物主要有环节动物门 11 科 12 种，棘皮动物门 6 科 7 种，节肢动物门 7 科 19 种，软体动物门 19 科 33 种；浮游藻类 108 种；浮游动物（包括浮游幼虫）91 种；经济鱼类、头足类、甲壳类、贝类等共 43 科 84 种

二 保护区概况

广东徐闻珊瑚礁国家级自然保护区坐落于广东省雷州半岛的西南部，地处中国大陆最南端的徐闻县境内。该保护区总面积达 143.785 平方千米，其中核心区 43.561 平方千米，缓冲区 46.652 平方千米，实验区 53.572 平方千米。保护区于 2007 年 4 月经国务院批准为国家级自然保护区。

保护区的角尾乡和西连镇三面临海，整体地势低平，以沙壤和沙质土为主。保护区海岸和潮间带为沙滩及岸礁，以浅灰绿色粉砂岩、棕红色泥岩和灰黑色玄武岩为主。珊瑚在灰黑色玄武岩上生长最盛。该保护区地处热带季风气候区，全年日照充足，年平均气温较高，降雨充沛，雨热同期，干湿季较分明。

三 功能分区图

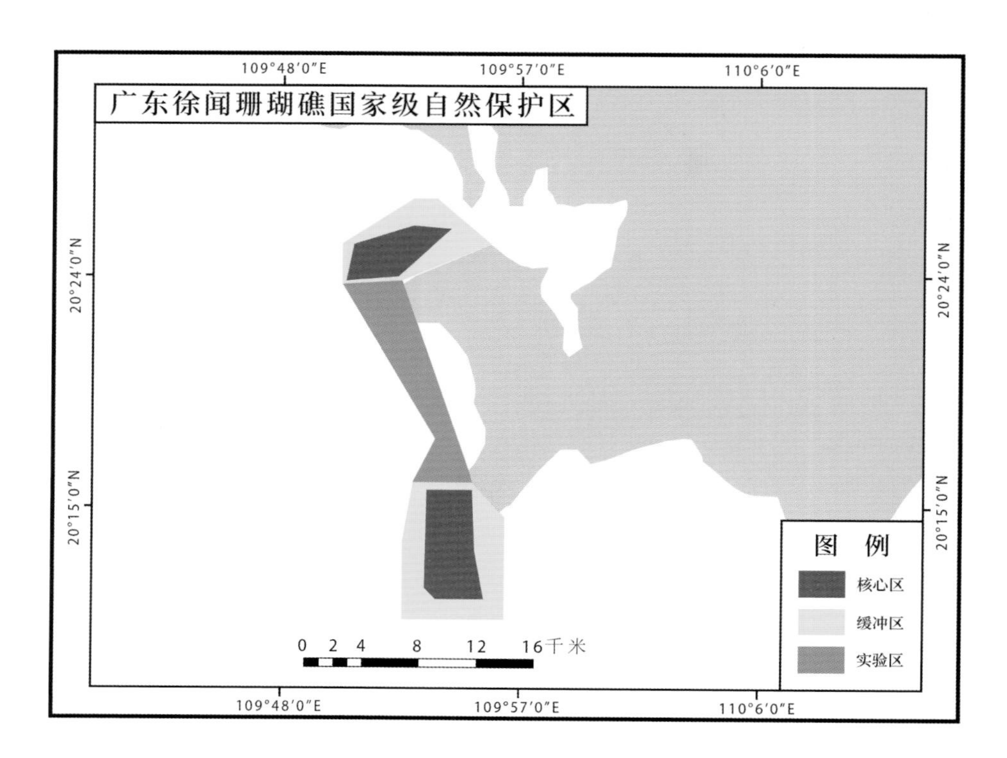

四 代表性资源

（一）动物资源

长吻丝鲹

长吻丝鲹

学　　名	*Alectis indica*
中文别称	印度丝鲹、草扇、水晶鲹
分类地位	脊索动物门辐鳍鱼纲鲈形目鲹科丝鲹属
自然分布	在我国主要分布于南海、东海、黄海

长吻丝鲹侧面观略呈菱形，体侧扁且高，头部具有明显的枕骨嵴。吻长和眶前骨高均大于眼径，脂眼睑不发达。口裂位低，口前位，下颌略长于上颌。幼鱼时牙尖细，成鱼牙呈圆锥形。犁骨、腭骨及舌面上均有牙。第一背鳍退化，鳍棘短。第二背鳍的前 8 根鳍条呈丝状延长，臀鳍与第二脊鳍形状相同，前 1 ～ 4 根鳍条也呈长丝状。幼鱼腹鳍亦有 1 ～ 3 根鳍条延长。通身呈银色，幼鱼体侧有 4 ～ 5 条深色弧形横带，延长的鳍条呈丝状。

成鱼主要在近海及大洋中活动，体形较小的幼鱼则较常聚集于内湾或沿岸沙质海滩。长吻丝鲹主要以甲壳动物为食，亦捕食小鱼。

长鳍篮子鱼

长鳍篮子鱼

学　　名	*Siganus canaliculatus*
中文别称	黄斑篮子鱼、黎猛、网纹臭都鱼
分类地位	脊索动物门辐鳍鱼纲鲈形目篮子鱼科篮子鱼属
自然分布	在我国主要分布于台湾及西沙群岛、海南岛等地水域

长鳍篮子鱼体侧扁，侧面观呈长椭圆形。口小，前下位，下颌几乎被上颌所包。眼中大，前鼻孔圆形，后鼻孔长圆形。体被细小长薄圆鳞，埋于皮下，背鳍基部近背侧处鳞片较大，头部有细鳞或裸露。侧线与背缘平行，伸达尾鳍基部。背鳍有小棘，胸鳍圆刀形，腹鳍短于胸鳍，臀鳍与背鳍后段相对且形状相同，尾鳍浅叉形。体黄绿色，背部色深，腹部色浅，各鳍浅黄色，头部及体侧密布小黄斑。长鳍篮子鱼是典型的棘

毒鱼类，各鳍的鳍棘都具有毒腺。

长鳍篮子鱼常分布于沿海岩礁区、珊瑚丛、红树林及河口咸淡水区。幼鱼主要生活于河口地区，常短期进入淡水水域。长鳍篮子鱼常进行单一鱼种的集群活动。它们一受惊，鱼体体色就会急剧加深并向上跳跃，成鱼反应往往比幼鱼剧烈。

（二）植物资源

刺桐

刺桐

学　　名	*Erythrina variegata*
中文别称	山芙蓉、鸡公树、木本象牙红
分类地位	被子植物门双子叶植物纲豆目豆科刺桐属
自然分布	中国福建、广东、广西、贵州、云南、海南、台湾、江苏等地均有栽培

刺桐属大乔木，高可达 20 米。树皮灰褐色，枝有明显叶痕及短圆锥形的黑色皮刺，髓部疏松，颓废部分成空腔。羽状复叶具 3 小叶，小叶宽卵形或菱状卵形，长 15 ~ 20 厘米。总状花序顶生，长 10 ~ 16 厘米，上有密集、成对着生的花；花冠红色，长 6 ~ 7 厘米，旗瓣椭圆形，长 5 ~ 6 厘米，宽约 2.5 厘米，先端圆，瓣柄短；花柱无毛。荚果黑色，肥厚，长 15 ~ 30 厘米，宽 2 ~ 3 厘米，稍弯曲，种子间略缢缩。种子 1 ~ 8 颗，肾形，长约 1.5 厘米，宽约 1 厘米，暗红色。花期 3 月，果期 8 月。

刺桐萌发力强，生长快，开花时新梢可长达 1.5 米，花序长达 50 厘米。刺桐喜温暖湿润、光照充足的环境，耐旱也耐湿，对土壤要求不严。多用扦插法繁殖。

（三）旅游资源

中国大陆南极村

中国大陆南极村——角尾乡，地处广东省徐闻县西南端，总面积约 37 平方千米。角尾乡地形似伸向大海的牛角，被琼州海峡和北部湾所拥抱。角尾乡的灯楼角与台湾的鹅銮鼻及海南的临高角合称中国“南三端”，有“极南”“尽南”之称。角尾乡的滨海景观优美壮丽，人文史迹密布聚集。此外，这里还有充满渔家风情的民俗、奇特的珊瑚建筑，可以说是中国独具特色的滨海旅游资源。

中国大陆南极村风光

石马角

在徐闻，有两个埠头与雷州直接通航。一个是东海岸的是北莉岛，与东里镇相对；另一个则是西海岸的石马角，与流沙港相对。

石马角坐落在北部湾中，这里水深、无浪，注定是一个繁忙的埠头。石马角的一大特色就是“渔排”——海湾上一字排列着养殖渔排，上百户的养殖人家在水面搭建房屋，这里就形成了一个小有规模的海上渔村。

珊瑚石屋和造船埠也是这里的特色。石马角周边渔村至今仍保存着大面积的珊瑚建筑，珊瑚石早在风吹雨打中被削整得平滑，石面上清晰可见的花纹装点着屋墙，显得多姿但不艳俗。传说，“石马角”这一名字源于一块形似马且有灵性的珊瑚石。这里还有很多能工巧匠，在石马角的海岸边有不少的造船埠，古老的造船技艺和习俗仍在这里留传。

灯楼角

徐闻灯楼角坐落于中国最南端的尖角处，三面环海，西临东场湾，东为角尾湾，南望海南岛。这里恰好是琼州海峡和北部湾的分界点，是琼州海峡航道的要冲。

徐闻灯楼角

灯楼角具有丰富的人文遗迹和浓厚的历史底蕴。解放海南岛时，这里是解放军横渡琼州海峡的首发港。时至今日，该处仍留有 1980 年重修的高 16 米的圆筒形灯塔。由于此处曾被法国等帝国主义国家侵占，所以在灯塔的东北方向能看到西式洋房遗址。灯塔东面则有 1960 年解放军建造的 3 米高的炮楼，其北面 10 多米处矗立着 1994 年新建的 10 层六角方形灯塔，现在已经取代了原灯塔。新建灯塔塔身全部用白色瓷砖镶嵌，用蓝色瓷砖隔层。塔内每层有 16 级阶梯，最高一层安置有半球状的航灯。航灯采用太阳能装置，能自启自灭。

历史人文

（一）历史故事

薏苡明珠

据古籍记载，岭南地区瘴雾弥漫，暑热蒸人，以至于天空中的飞鸟都会因中暑突然坠水而死。当年马援率部南征，兵至雷州半岛时，将士水土不服，病卒者甚多。马援听闻当地用薏苡祛瘴治病，便命将士们食用薏苡，果不其然，疗效显著。于是，马援凯旋回朝时，装了满满一车薏苡带回京种植。京城里的人从未见过此物，还误以为马援从南方带回了奇珍异宝。马援死后，有人便上书诽谤他生前曾从南方偷运一车珍宝回京。光武帝听信谗言，一怒之下夺去马援的侯位，追收了封马援为新息侯的大印。“薏苡明珠”这一词就是从中而来。薏苡被进谗的人说成了明珠，“薏苡明珠”比喻被诬蔑，蒙受冤屈。宋人苏轼曾赋诗叹惋：“伏波饮薏苡，御瘴传神良。能除五溪毒，不救谗言伤。”

徐闻风光

（二）民间传说

三墩和乌龟石传说

相传在很久以前，有三个美若天仙的女孩到徐闻游玩，她们在海边嬉戏时救起一只受了伤的小海龟，并将它放生大海。女孩们在回家的路上，遇到途经此处的官员，并被看中，官员强制她们入宫服侍皇上。三个女孩心中都已经有了意中人，为了忠贞不渝的爱情和坚定的生活信念而逃走。面对官兵的追捕，三个女孩逃至海边，相继跳入海中，化作如今的三墩。后来，一只庞大的海龟游来，因为没能及时救起溺水身亡的女孩们，伤心之下化作石头，日日夜夜守护三个善良的女孩，守护着三墩。

徐闻风光

（三）风土人情

徐闻闹元宵

徐闻人闹元宵闹得早，正月十三就开始上灯开灯，境坊上的狮龙队、八音班忙着上街上墟摘青、采青。这时，彩车、床色也跟着游春。

徐闻的“床色”扮演的都是优秀的传统人物，同时也扮演些现代题材的人物，床色的设计十分讲究，花样百出。

元宵的高潮在十五那天。一清早，县城和邻村庄的狮龙队、八音班、床色闹哄哄地拥向广场。9 时许，广场人山人海，锣鼓喧天，大家排队穿梭于县城的大街小巷。队伍游完了大街大巷，都经过西门的公坡。那时节，一班人早就在公坡上搭台张伞，坐等观摩，各路人马到齐后，有舞狮舞龙的，有武功竞技的，热闹非凡。夜阑秉烛时，人们开始游灯、放焰火。徐闻的灯饰很多，有莲花灯、走马灯、宫灯，还有鲤鱼灯、鳌鱼灯，鲤鱼灯意味着鲤鱼跃龙门，鳌鱼灯意为独占鳌头，都是表达人们对望子成龙、对培养人才的美好愿望。

保护区管理

（一）全力做好保护工作

保护区始终将工作重心、工作精力聚焦于保护职能，不遗余力地做好保护工作。为此，管理局成立了专项执法工作领导小组，每两天开展一次海上巡航执法行动，每次对南北两核心区至少来回巡航 1 次，每两天进行一次陆地巡查，每次巡查至少 150 千米，确保海陆巡查交替进行。同时，在白天或晚上进行不定期的突击巡查，做好巡查情况登记，及时发现并制止违规作业。通过持续开展专项执法行动，基本掌控了保护区内的海洋环境动态，提高了执法能效，有力地保障了保护区生态环境安全。

在加强保护的基础上，还通过与相关院校、研究机构合作，持续开展了珊瑚礁调查、水质监测、珊瑚礁修复、人工移植和种植、数字化监测等工作，借科技之力促生态好转。

（二）扎实推进项目落实

保护区敢于创新办法，明确责任，加大力度，扎实推进项目落实，全面完成了既定任务。一是招揽高水平设计人才，加快设计进度，从初始环节提升项目层次；二是在更大的范围内引入更多更高水平的施工单位参与竞标，确保不同性质的项目让更具资质的队伍来做；三是从实际需求和使用能力出发，调整优化项目设置，防止工程闲置和资产浪费；四是严格落实资金使用制度规程，确保工程建设零腐败、零违章；五是坚持分工协作，项目分工责任到人，跟进落实，全程把关，最大限度保证工程进度和质量；六是及时申领支付进度资金，提供便利服务，加强跟踪协调，推进工程和项目顺利实施。

此外，在开展科普宣传、社区共建、正规化管理以及干部队伍自身建设等方面，都做了大量的工作，取得了明显的成效。

广东雷州乌石国家级海洋公园

GUANGDONG LEIZHOU WUSHI GUOJIAJI HAIYANG GONGYUAN

保护区名片

地理位置	位于广东省雷州半岛西南部
地理坐标	20°32′36.07″N ~ 20°34′49.76″N， 109°47′17.95″E ~ 109°50′35.03″E
级别	国家级
批建时间	2012 年
面积	16.71 平方千米
保护对象	滨海湿地自然生态系统、候鸟栖息地、红树林、人工鱼礁、白蝶贝等
关键词	北部湾畔蓬莱岛、椰风海韵天成台
资源数据	区域生态系统丰富多样，有红树林生态系统、人工鱼礁生态系统等

保护区概况

广东雷州乌石国家级海洋公园位于广东省雷州半岛，西临北部湾海域，东南部与乌石镇相接，南部是北部湾进入广东省主要渔港之一——乌石港的主航道，而南部的广阔海域有拟建的流沙湾口海洋保护区和已建成的徐闻珊瑚礁自然保护区。海洋公园边界线闭合区域

广东雷州乌石国家级海洋公园风光

总周长约 23.31 千米，海岸线长 10.82 千米，总面积约 16.71 平方千米。其中，陆地面积 1.28 平方千米，占其总面积的 7.7%；海域面积 15.43 平方千米，占其总面积的 92.3%。

广东雷州乌石国家海洋公园所在区域生态系统丰富多样，同时又具有鲜明的地域特点。主要有红树林生态系统、人工鱼礁生态系统、白蝶贝生态系统、滨海湿地生态系统和乌石天成台植被生态系统。

三 功能分区图

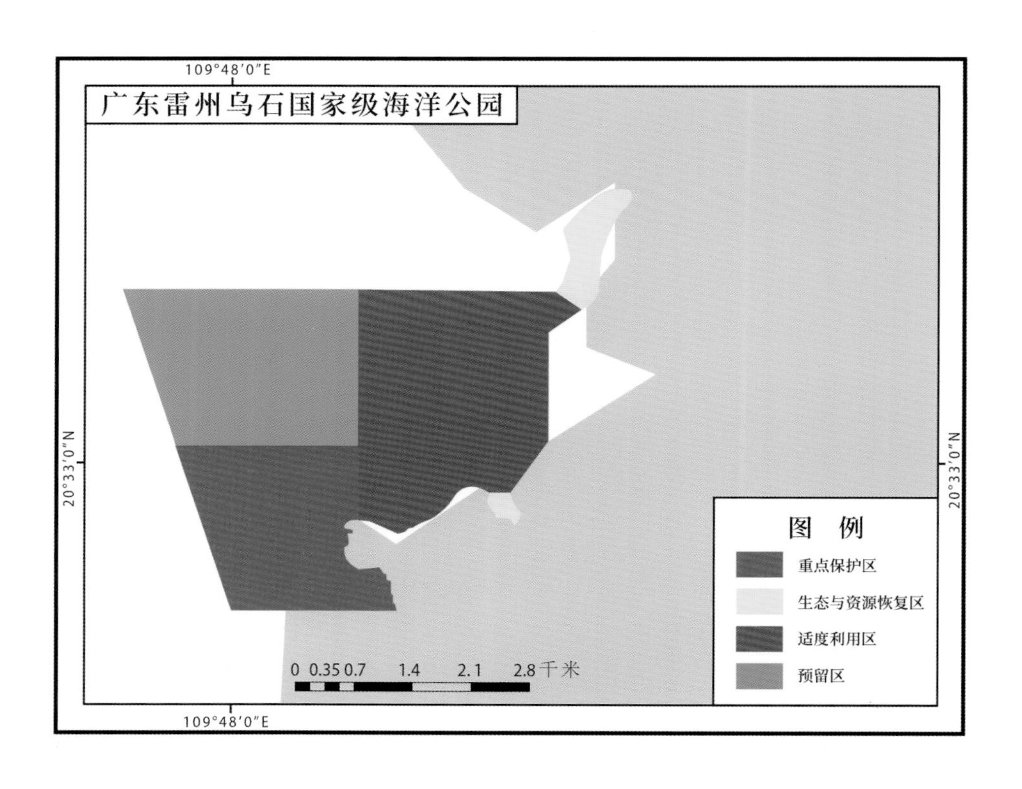

代表性资源

（一）动物资源

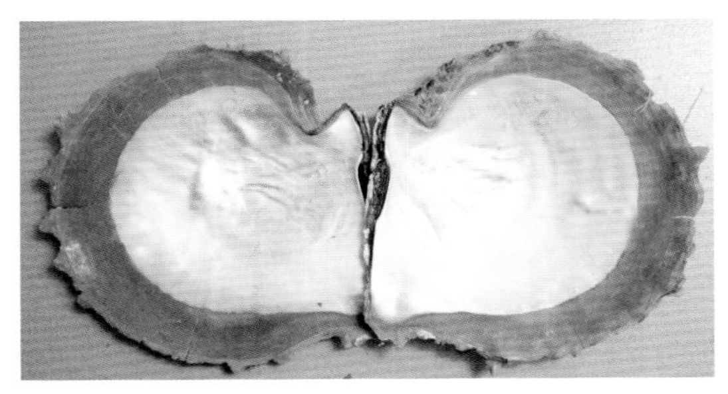
白蝶贝

白蝶贝

学　　名	*Pinctada maxima*
中文别称	大珠母贝、白螺珍珠贝、金唇珠母贝、黄唇珠母贝
分类地位	软体动物门瓣鳃纲珍珠贝目珍珠贝科珠母贝属
自然分布	在我国主要分布于雷州半岛和海南岛西部沿海

大珠母贝外壳坚厚，略呈圆形，平扁似碟盘。壳顶位于背缘前端，前耳小，后耳缺，鳞片层紧密，排列不规则。左壳比右壳稍大而凹，壳面平滑，呈暗黄褐色，具有淡褐色的放射肋，但不明显。壳内面为明显外露的银白色较厚珍珠层，边缘为金黄色或黄褐色的角质。壳面呈青褐色或黄褐色，具覆瓦状鳞片。软体部较大，前闭壳肌退化，后闭壳肌极为发达，位于身体的后方，闭壳能力甚强。肛门为舌形，末端极宽圆。

大珠母贝为暖水种，喜栖息于水流通畅的岩礁、沙砾、珊瑚礁基质的海区。大珠母贝的分布水深可达200米，但多栖居于10 ~ 100米深度。大珠母贝是典型的滤食性贝类，主要以水流中的藻类为食，也摄食有机碎屑、贝类面盘幼虫、原生动物等。

大珠母贝为雌雄异体生物。在群体中，性成熟的雄性个体数量多于雌性。大珠母贝具有性逆转现象。当水温从22℃上升到26℃时，大部分大珠母贝的性腺发育成熟。在此期间，如遇大小潮或暴风雨等环境变化的刺激，大珠母贝会大量放精、排卵。大珠母贝的产卵期为5 ~ 8月，产下的卵呈球形，一般卵径58 ~ 60微米，从受精到幼虫孵化需18 ~ 36天。

卵形鲳鲹

卵形鲳鲹

学　名	*Trachinotus ovatus*
中文别称	黄腊鲳、金鲳
分类地位	脊索动物门辐鳍鱼纲 鲹形目鲹科鲳鲹属
自然分布	在我国主要分布于东南沿海地区

卵形鲳鲹体侧扁，卵圆形。头侧扁，尾柄短细。口小，上、下唇均具有绒毛状突起。第一背鳍后部具一向前倒卧的倒棘。第二背鳍及臀鳍几乎同形，构成镰刀形。背部呈蓝青色，腹部呈银白色。卵形鲳鲹的各鳍在海水中呈黄色或浅红色，若经太阳光反射呈现红色。

卵形鲳鲹是暖水性的中上层洄游鱼类，幼鱼栖息在河口海湾，成鱼向外海深水区移动。卵形鲳鲹体形较大，大的个体可达 10 千克。卵形鲳鲹在幼鱼期群聚性较强，但一般不结成大群。卵形鲳鲹为肉食性鱼类，仔、稚鱼以桡足类为主，成鱼则以软体动物幼体、端足类、小鱼等为食。因食量大，消化快，具有凶猛的抢饲行为，卵形鲳鲹生长极为迅速。

光裸方格星虫

光裸方格星虫

学　　名	*Sipunculus nudus*
中文别称	沙虫、沙肠子、沙肠虫
分类地位	星虫动物门方格星虫纲方格星虫目方格星虫科方格星虫属
自然分布	在我国主要分布于东南沿海

光裸方格星虫体圆筒形，体壁厚，不透明或半透明，为棕黄色或橘黄色，因形似肠子，故又被称为海肠子、沙肠虫。光裸方格星虫浑身光裸无毛，无环纹，体壁纵肌成束与环肌交错排列，形成方块格子状花纹。体不分节，肌肉发达。

光裸方格星虫穴居于沿海潮间带的沙泥底质。涨潮时钻出，退潮时则潜伏在沙泥洞中。光裸方格星虫主要摄食沉积物沙粒。由于身体结构简单，故只需洗去肠内沙粒，其余部分皆可食用。

光裸方格星虫为雌雄异体，成熟的生殖细胞经肾管排出体外，体外受精。光裸方格星虫的繁殖期在每年 2 ～ 3 月。产卵时，雌雄个体会游出沙层，当水体中的雌雄个体达到一定数量才开始产卵排精。大量产卵时，光裸方格星虫会集群游动，出现短暂的群舞现象，这样有利于提高精卵结合的概率。昼夜均可产卵，但多集中在夜晚。

（二）景观资源

鹰峰岭火山地貌

鹰峰岭，是一个集奇岩、美泉、古榕、古寺为一体的旅游观光风景区。鹰峰岭有雷州半岛保存最为完好的生态植被，还有丰富而完整的古火山地貌，是进行科学考察的理想场所。据地质专家考究，雷州半岛的地质、地貌是第四纪火山期（约 100 万年前）形成的，这里的火山不断喷发，大量的高温岩浆从地壳裂缝中涌出，形成了雷北和雷南两大火山群。雷南火山群由鹰峰岭、石茆岭、双髻岭及仕礼岭等火山锥口组成。火山喷发时大量的地下岩浆从火山锥口涌出，沿着地壳裂口不断浸入而产生断陷，形成了田洋、青桐洋、九斗洋等几个干玛珥湖。

北拳沙滩

北拳沙滩位于雷州半岛乌石镇，沙滩纯白如银，沙层深厚，沙质柔软舒适，颗粒适中，洁白无瑕，被专家评价为世界一流沙滩。这里也是乌石观赏日落最适宜的地点。

雷州北拳沙滩日落

五 历史人文

（一）历史故事

乌石二抗清

乌石二，本名麦有金，1765 年生于广东省雷州府乌石村（今属雷州市乌石镇）。他在家中排行第二，因而有外号“乌石二”。乾隆末年，因不满豪门官府对穷苦百姓的野蛮欺压，乌石二与胞兄乌石大（麦有贵）、胞弟乌石三（麦有芝）聚众起事。乌石二等人为穷苦百姓打抱不平的勇举赢得了人们的敬佩和支持。在豪门和官府的不断迫害之下，越来越多的人投奔乌石二。乌石二的队伍日渐壮大，人数有八千多人，拥有的船只多至 300 艘。这令朝廷闻“乌”色变，日夜焦灼，乌石二等人也成了朝廷的眼中钉。

嘉庆年间，朝廷不得民心，民间反清浪潮风起云涌。在民间，与乌石二一样的反清队伍数目众多。嘉庆十五年（1810），活动于粤东至珠江口一带的郭学显、郑一嫂以及东海霸等势力败落，活动于广东沿海的就只有乌石二的蓝色帮。为彻底歼灭海上抗清力量，两广总督张百龄千方百计围剿乌石二的部众。他利用红色帮的叛徒张保仔分化瓦解乌石二的部众，并设局引诱乌石二的主力船队驶入南渡河，然后密令水师兵分两路把乌石二的船队包围于海南的儋州洋面与雷州的双溪口。待到乌石二的队伍发觉中计时，清兵水陆合围之势已形成，乌石二队伍进退失据。乌石二战败被俘。乌石二被俘后誓不屈服，一度绝食，后被押处死。

雷州乌石蜈蚣舞

（二）民间传说

蜈蚣舞传说

相传，古时的乌石港多蛮烟瘴雨，瘟疫频发。乌石港曾因大发鼠疫，民不聊生。其时恰逢中秋，有好事者相约为民共驱瘟疫，各以船缆系腰相互连成长队以示同心协力，入夜时各人手执香火进港驱邪。夜色迷离中，队伍边舞动边以蛇形前进，如蜈蚣爬行，惟妙惟肖，故称“蜈蚣舞”。后来瘟疫消除，港区恢复繁荣，因而该舞也就成了港民消灾祈福的仪式而流传至今。每年农历八月十五、十六之夜，乌石港区群众都要举办传统的蜈蚣舞活动，以驱除邪气，祈求平安。

（三）风土人情

元宵节游灯

《雷州府志》中有言："雷之节序，与岭南各郡大略相同。"元宵节前，乌石港的民间彩灯艺人便开始忙于编扎各式彩灯。编成的鱼、虾、蟹等造型的独具本地特色的灯饰千姿百态，流光溢彩。元宵之夜，数百位少女身穿古典服装，手持彩灯，组成游灯队伍。前有吹奏《将军令》的锣鼓班和高举五彩大旗的队伍，后有舞龙舞狮的队伍，游灯队伍沿着主要街道缓缓前进，一派喜气洋洋。所到之处，无不是万人空巷，观众争相观看，祈福求平安。妈祖天后宫门前的巨型灯饰，高约 3 米，围长约 3 米，更是令人叹为观止，许多人慕名而来。

甜糟

甜糟是中国传统食品，原材料是上等白江米。上等白江米 2 斗，泡半日，淘净，蒸熟，摊放冷却后放进缸里，用蒸米的水一小盆作浆；小面 6 块，捣细，拌匀，在中间挖一个窝，周围按结实，用草盖盖上，不要太冷太热，7 天可熟。将窝内酒酿撇去，留糟，每一斗米放入盐一碗，橘皮末适量，最后封严实，不要让蝇虫飞进去，随时食用即可。

保护区管理

在管理工作中，制定适用于广东雷州乌石国家级海洋公园的各项管理制度和管理办法。同时，建立了海洋公园执法队伍，完善公园安保体系，并主要开展以下工作。

（一）海洋公园的建设

重点保护区为已建设完成的雷州白蝶贝国家级自然保护区、乌石县级人工鱼礁区；在适度利用区，建成一定规模的旅游度假村，并经营运作多年；在生态与资源恢复区，已完成建设的近期目标。

（二）日常管护工作

在日常管理上，渔政乌石中队作为派出机构，肩负国家海洋与渔业资源的执法管理职责，依法巡查，及时查处非法捕捞、非法侵占国家海域等违法行为。

（三）科普宣传开展

结合日常海洋与渔业管理工作，积极开展各种形式的宣传活动。

雷州乌石海滨风光

广东雷州珍稀海洋生物国家级自然保护区

GUANGDONG LEIZHOU ZHENXI HAIYANG SHENGWU GUOJIAJI ZIRAN BAOHUQU

广东雷州珍稀海洋生物国家级自然保护区风光

一 保护区名片

地理位置	位于北部湾东侧、雷州半岛西侧
地理坐标	20° 32′ 00″ N ~ 20° 44′ 00″ N, 109° 30′ 00″ E ~ 109° 48′ 00″ E
级别	国家级
批建时间	2008 年
面积	468.646 7 平方千米
保护对象	珍稀濒危海洋生物及其栖息地，包括儒艮、中华白海豚、白氏文昌鱼、绿海龟、棱皮龟、玳瑁、真海豚、江豚等国家重点保护野生动物，以及珊瑚礁、海藻场、红树林等典型生态系统
关键词	中国南珠的发源地之一、中国热带近海珍稀水生动物避难所
资源数据	各类水生动物物种总数约 600 种

二 保护区概况

广东雷州珍稀海洋生物国家级自然保护区是2008年经国务院批准建立的，保护区总面积468.646 7平方千米，划分为3个功能区域：核心区185.27平方千米，缓冲区136.64平方千米，实验区146.736 7平方千米。

广东雷州珍稀海洋生物国家级保护区地处北热带，属热带海洋季风气候，潮汐为北部湾不规则全日潮；地质主要为玄武岩被，海底地貌相对较平坦；海岸线长约30千米，滩涂面积宽广；海水盐度稳定，水质清新、透明度高，没有工业污染；水交换量大，风浪小，天然饵料丰富。保护区优越的自然环境，为丰富多样的生物物种、生物群落和生态系统的生存和发展提供了良好条件。

广东雷州珍稀海洋生物国家级保护区是环北部湾建区历史最长、面积最大、保护对象最多样化的保护区，为广东省5个海洋与渔业类型国家级自然保护区之一，无论地理位置、面积比例，还是级别地位、保护价值等，均占据相当重要的位置。保护区生物多样性高，物种珍稀性和典型性独特，不仅具有极高的保护价值和科研价值，更是维持北部湾海洋生态系统良性循环的重要组成部分。

功能分区图

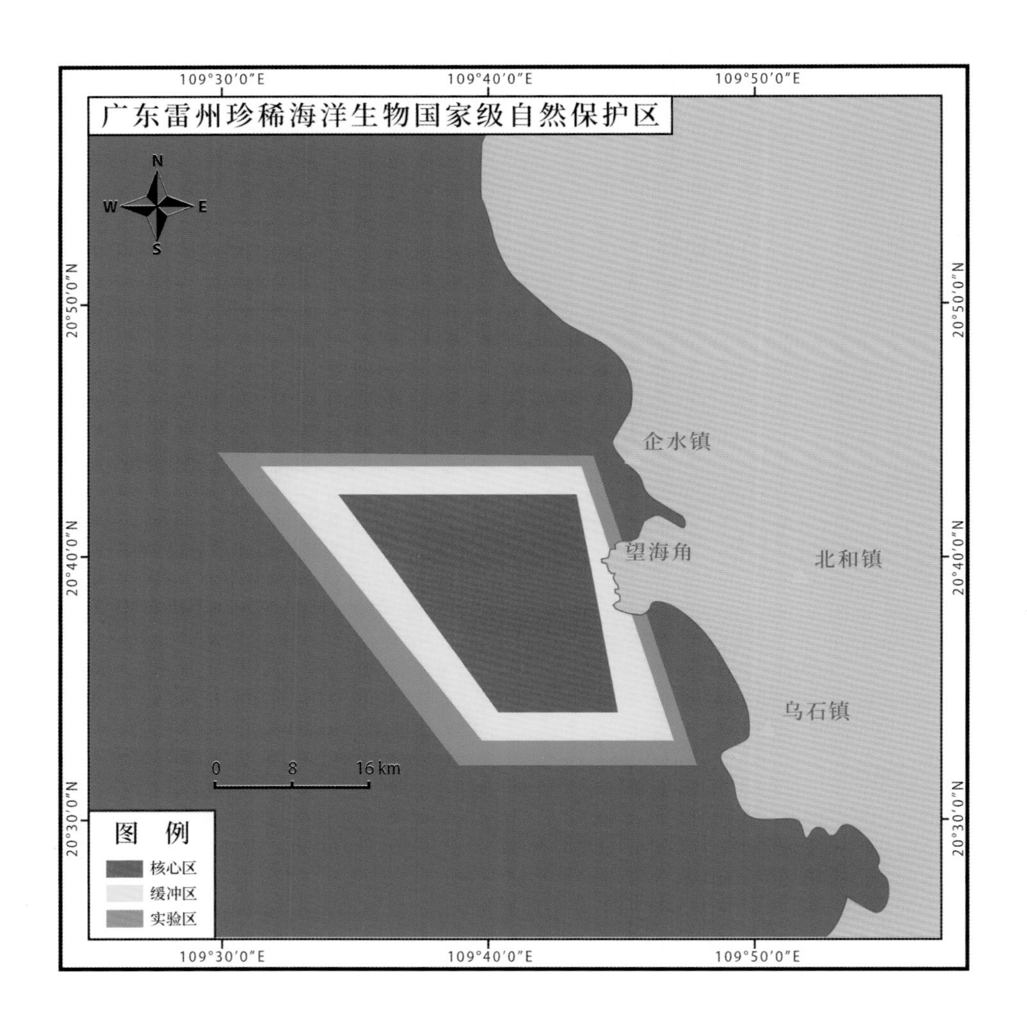

四 代表性资源

（一）动物资源

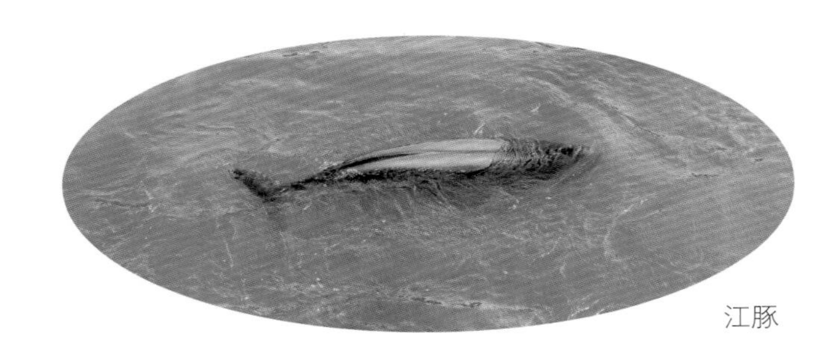
江豚

江豚

学　名	*Neophocaena asiaeorientalis*
中文别称	露脊鼠海豚、黑鼠海豚、新鼠海豚
分类地位	脊索动物门哺乳纲鲸偶蹄目鼠海豚科江豚属
自然分布	在我国主要分布于渤海、黄海、东海、南海海域和长江流域

江豚全身灰黑色，腹部颜色浅，有时夹杂一些形状不规则的灰色斑。头部钝圆，额部稍微向前凸出，吻部短阔，无吻突，上下颌几乎等长。眼睛小，不明显。鳍肢很大，约为体长的 1/6，略呈镰刀形。尾鳍宽阔，水平方向分为左右两叶，呈新月状，水平宽约为体长的 1/4。不具背鳍，在应有背鳍的地方生有 2 ～ 14 纵列疣粒。

江豚是我国常见的小型鲸类，常活动于温带、热带咸淡水交界处。生活于我国长江中下游的长江江豚是江豚的一个亚种。江豚食性广，多捕食鱼、虾及头足类。江豚一般在 3 龄或 4 龄性成熟，南海和东海南部的种群 6 月至翌年 3 月产仔，黄海、东海北部的种群主要在 4 ～ 5 月产仔，一胎可产一仔，初生幼豚体长约 70 厘米。江豚具有护幼的习性，在 4、5 月常见母豚驮负着幼豚游泳。

宽吻海豚

宽吻海豚

学　　名	*Tursiops truncatus*
中文别称	尖吻海豚、瓶鼻海豚
分类地位	脊索动物门哺乳纲鲸偶蹄目海豚科宽吻海豚属
自然分布	在我国沿海均有分布

宽吻海豚的身体为流线型，中部粗圆，从背鳍往后逐渐变细，额部有很明显的隆起。由于额部较大，所以头部吻突的实际长度较短。宽吻海豚的上、下颌较长，因此获得了瓶鼻海豚的别名，它真正的鼻孔是头上的喷气孔。宽吻海豚上、下颌每侧各有大型牙齿 21 ～ 26 枚，长度为 4 ～ 5 厘米，直径为 1 厘米，是海豚科中牙齿最大的一种。宽吻海豚的背鳍为三角形，略微后屈，位于体背的中部附近。宽吻海豚依靠上下摆动尾鳍来前进，体侧的胸鳍用来控制方向。

宽吻海豚的皮肤光滑无毛，体色从背部的深灰色，逐渐变化到腹部的白色，背鳍鳍肢及尾鳍上、下面皆为灰黑色。这种颜色的组合，使得宽吻海豚在水中游泳的时候，从上方和下方都难以被发现。

宽吻海豚的游速通常为每小时 5 ～ 11 千米；在短时间内，游速最高可达每小时 70 千米。每隔 5 ～ 8 分钟，宽吻海豚必须浮上水面用呼吸孔换气。宽吻海豚的睡眠很浅，有科学家认为宽吻海豚大脑的两个半球交替地休息和工作。宽吻海豚常在靠近陆地的浅海区域活动，较少游向远海，一般随着水温和食物分布的变化洄游。宽吻海豚喜欢群居，通常十多只组成一群生活。

雌性宽吻海豚在 5 ～ 10 龄达性成熟，雄性则在 8 ～ 12 龄。繁殖期在每年 2 ～ 5 月。雌性宽吻海豚的怀孕期为 11 ～ 12 个月，生殖间隔为 2 年左右。宽吻海豚不仅能与同种海豚交配，还能与其他种类的海豚交配繁殖。

布氏鲸

布氏鲸

学　名	*Balaenoptera brydei*
中文别称	热带鲸
分类地位	脊索动物门哺乳纲鲸偶蹄目须鲸科须鲸属
自然分布	在我国主要分布于东海、南海

布氏鲸头部背面有 3 条隆起的脊，中央脊末端随呼吸孔拱起。每条脊上有几根毛，下颌前端有 2 列毛。体背面通常蓝黑色，腹面白色或淡黄色。喉部附近有一深蓝灰色区域向侧面、向后伸展至鳍肢。许多个体在腹部有 1 条灰色条带横过脐的正前方。背鳍高，呈镰刀形；鳍肢窄而略尖，背面和腹面均深蓝灰色。腹褶 40 ～ 70 条，达到脐或脐后。上颌每侧有鲸须板 285 ～ 350 块。头骨很宽、很短，相对较短的吻突前端尖、背腹扁。

布氏鲸类主要摄食大洋性集群的鱼类，如沙丁鱼、鳀鱼等，也摄食小型甲壳动物如磷虾和桡足类，还摄食头足类。

（二）植物资源

白骨壤

白骨壤

学　名	*Avicennia marina*
中文别称	海榄雌、咸水矮让木
分类地位	被子植物门双子叶植物纲唇形目爵床科海榄雌属
自然分布	在我国主要分布于海南、广东、广西、福建、台湾等地

白骨壤为灌木或小乔木，常是红树林群落的优势种。植株高 1.5 ~ 6 米，有发达的指状呼吸根，也常有气生根和支柱根。枝条有隆起的条纹。叶片革质、椭圆形，顶端钝圆、基部楔形，正面无毛，背面有细短毛。聚伞花序呈头状。果实呈略扁的桃形，顶端尖，基部钝圆，灰黄色或黄褐色。不同的群落具有不同的颜色特点。白骨壤单种群落为灰绿色，但若与桐花树、秋茄等组成的混生群落则呈现以黄绿色为底、间杂灰绿色斑点的林相。

白骨壤

白骨壤主要分布在潮间带，对土壤适应性较好，是最耐热的红树植物之一。在大潮时仅露出树冠顶端甚至全部被淹没，常被称为“海底森林”或“海底绿岛”。

秋茄

学　　名	*Kandelia candel*
中文别称	水笔仔、茄行树、茄藤树
分类地位	种子植物门双子叶植物纲 金虎尾目红树科秋茄属
自然分布	在我国分布于广东、广西、福建、香港、台湾等地

秋茄

秋茄树皮平滑，红褐色；枝粗壮，有膨大的节。叶椭圆形或近倒卵形，顶端钝形或浑圆，基部阔楔形，全缘，叶脉不明显，叶柄粗壮。二歧聚伞花序，有花 4 ～ 9 朵；总花梗长短不一，花具短梗，花萼裂片革质，短尖，花后外反；花瓣白色，膜质，短于花萼裂片；雄蕊无定数，长短不一；花柱丝状，与雄蕊等长。果实圆锥形，长 1.5 ～ 2 厘米。

秋茄喜生于海湾淤泥冲积深厚的泥滩，常组成单优势种灌木群落，它既适于生长在盐度较高的海滩，又能生长于淡水泛滥的地区，且能耐淹，往往在涨潮时淹没过半或几达顶端而无碍，在海浪较大的地方，其支柱根特别发达，但生长速度中等，15 年生的树仅高 3.5 米。材质坚重，耐腐，可作车轴、把柄等小件用材。

五 历史人文

（一）民间传说

雷州多雷说

雷州是以多雷而得此名，其说有三。

其一，“猪雷说”。据说雷州这个地方多雷，雷一到冬天都变成猪蛰伏到地下。人们把这些猪雷挖出来煎煮，使其温暖，立春之后猪雷便回到天上化雨，降甘霖。然而，古时有识之士认为这种传说是荒诞不经的。明《雷州府志》写道：“雷自贞观始名，说者谓其多雷，至冬蛰而为彘，郡人掘而煮之，其说近诞。”

其二，“风雷说”。相传，雷州有座擎雷山，雷从此山生。原来，这座山上有个洞窍与琼州的息风山相通。琼州一刮风，雷州就打雷。因琼州多风，故雷州多雷。但清《雷州府志》却认为“皆附会不经之说”。

其三，“阴雷说”。据说，雷州有阳雷、阴雷。阳雷有声音，主生，行云化雨，造福人世。阴雷却无声，也看不见，主杀，惩办恶人，大行正义。一些乡村仍流传着

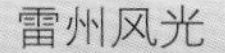
雷州风光

那些暴毙、不知死因的人，就是被阴雷击死的，往往是由于本人作恶或是祖上有恶行。时至今日，仍有人对此深信不疑。

“雷州多雷说”告诉人们，雷州无处不有雷——地下有猪雷，山上有风雷，人间有阳雷、阴雷。但实际上，“雷州多雷说”并不科学，寄托了当地人民的一些愿望。

（二）风土人情

雷州换鼓

古代雷州半岛原是一片荒蛮瘴疫、多雷干旱之地。雷州先民崇尚雷，他们相信雷能行风化雨，所谓“响雷兆丰年”，有雷才有雨。对于雷州半岛而言，雷声是解难救困的福音，于是先民天天求雷盼雷。为使天鼓长鸣、雷雨有致，雷州先民希望让天神看到人类的虔诚，以求人间的风调雨顺、国泰民安，他们将人间最好的鼓送给天神，以新鼓换旧鼓。每年，他们都要挑选最好的材料，选择最好的技师，用最好的技艺，铸造最好的鼓，通过仪式送给天神，慢慢地便形成了大型的祭雷活动。

白粄

白粄是自清代就兴盛的地方风味小吃之一。雷州白粄用糯米粉作皮，包以白糖、椰丝、芝麻、猪肉末、冬瓜糖、生黄皮等馅料，馅里的椰丝要用猪油炒熟才美味。捏成后，放在蒸笼里蒸熟即成。雷州白粄素以馅多皮薄、油水充足、香甜浓郁声名远播。

雷州大粽

大粽是兴盛于明代的地方风味小吃。雷州城盛产大米，尤以糯米闻名遐迩。雷州粽因用料足，体形大，人们称为“雷州大粽”。

制作雷州大粽要先将糯米洗净，在油锅稍微翻炒更加美味。馅料一般选用虾米、猪肉等，包以粽叶，用草绳捆紧，放进锅里加水煮熟。旧时的雷州大粽摊档，一般是连锅带粽搬上街头，放在火炉上面，边加热边售卖。雷州大粽香糯可口，料足馅满，在当时确是一种比较实惠的食品。档主还会赠送一碗粽水，既可解腻，又可一尝粽叶风味。如今的雷州城入夜后，街上仍密布着卖粽摊档，实为雷州城的一道特色夜景。不过，如今的雷州大粽虽风味与以往无异，用料却不如以往多了。

保护区管理

（一）基础建设

雷州珍稀海洋生物保护区管理基地现已建管理设施包括以下几个方面：

1. 办公管理设施，建设了综合楼、视频会议系统、数字化管理系统等；

2. 执法管护设施，建设了海上界标、执法码头、管护船艇、管护车辆、海域视频监控及单兵执法监视系统等；

3. 科研监测设施，建设了实验楼、科研基地、动物救护池、海上试验基地、水文气象监测浮标等；

4. 科教宣传设施，建设了科教中心、大型宣传标牌及路牌、海洋生物文化走廊和广场等。

（二）资源管护

加强保护区日常巡护与执法工作，严查违法违规渔船作业，特别是根据违规船只出没特点加强夜间执法。多年来加强海域使用巡查管理，巡护执法近 600 次，出勤人员近 4 000 人次，查获与驱赶拖网、电拖网及潜捕等渔船超过 300 艘，起到较好的震慑效果和较大的遏制作用，直接使资源环境得到较好的休养生息。加强动物救护，与社区建立良好的联络机制，密切关注与及时行动 20 多次，救护搁浅或误捕国家重点保护野生动物 10 多只，包括江豚、真海豚、绿海龟等。

（三）生态修复

加强保护区资源环境调查和研究，2005 ~ 2006 年开展了保护区首次综合科学考察，随后陆续开展保护区海域水质气象监测、沿岸红树林现状研究、大型海藻育苗技术研究、珊瑚礁普查等相关工作，为科学管理好保护区和开展生态修复奠定了基础。多年来重点加强对主要保护对象白蝶贝的育苗增殖研究，放流 1 000 万粒贝苗，为该珍稀动物资源的修复创造条件；积极开展典型海洋生态系统的生态修复，大力推动保护区沿岸废旧养殖池塘的退养还滩；重新营造海域滩涂的红树林生态廊景观，种植恢复红树林面积 700 多亩；同时还开展海藻场生态修复试验等。

（四）科教宣传

在全国海洋宣传日、南海伏季休渔期、广东省海洋经济博览会等期间，联合当地共青团、广东海洋大学、广州海洋馆等单位，积极开展科普讲座、绘画比赛、知识竞赛等多种科教宣传活动。联合当地高校和中小学，开展教学实习与社会实践活动 16 期次，共教育大学生和中小学生近 3 000 人。加强媒体宣传，建立了保护区网站，在《中国海洋报》《中国科学报》《湛江日报》《中国水生野生动物》《广东省海洋与渔业》等报刊发表相关报道约 50 篇。

（五）社区共建

通过社区走访座谈和签订共管协议等方式，联合当地乡镇政府和渔政、边防、海警等执法部门，形成管理局专管和社区力量群管相结合的共管模式。在保护区管理初期，根据社区渔民多以“夫妻船”传统捕捞业艰苦谋生，但网具常受外地大型拖网船惨重损坏的情况，找准共管切入点，严厉打击遏制大型违规捕捞船只，使保护区工作赢得了群众拥护和主动参与。通过争取项目资金和发动当地企业资助，为多个渔村修缮防波堤、避风塘、道路等，保障群众生产生活安全，更加强了保护区与社区的和谐关系。

广西山口国家级红树林生态自然保护区

GUANGXI SHANKOU GUOJIAJI HONGSHULIN SHENGTAI ZIRAN BAOHUQU

广西山口国家级红树林生态自然保护区风光

保护区名片

地理位置	位于广西合浦县沙田半岛东西两侧的英罗港和丹兜海
地理坐标	核心区 21° 28′ N, 109° 37′ 00″ E ~ 109° 47′ 00″ E
级别	国家级
批建时间	1990 年 9 月
面积	80 平方千米
保护对象	红树林生态系统
关键词	中国十大魅力湿地、海上森林、中国南珠之乡
资源数据	红树植物 9 种、半红树植物 5 种，鸟类 112 种、昆虫 301 种、鱼类 92 种、大型底栖动物 251 种、底栖硅藻 128 种、浮游动物 36 种、浮游藻类 20 种

二 保护区概况

广西山口国家级红树林生态自然保护区成立于 1990 年，是国务院批准建立的我国首批 5 个海洋国家级自然保护区之一，位于广西合浦县沙田半岛东西两侧的英罗港和丹兜海，是以保护红树林自然生态系统为主的“海洋和海岸生态系统类型”自然保护区。保护区海岸线长 53 千米，总面积 80 平方千米（海域 49.705 平方千米，陆地 30.295 平方千米），其中红树林有林面积 8.188 平方千米。

该区属南亚热带季风型海洋性气候，蕴藏着丰富的自然资源。这里的天然红树林发育良好，结构独特，原生种群保存较完整，是保护和研究我国乃至世界红树林生态系统的重要实践基地。

该区年平均日照时数为 1 796 ～ 1 800 小时，年平均气温 23.4℃，年平均降水量 1 500 ～ 1 700 毫米，约有 50% 的降水量集中在夏季，平均相对湿度 80%。

红树林

三 功能分区图

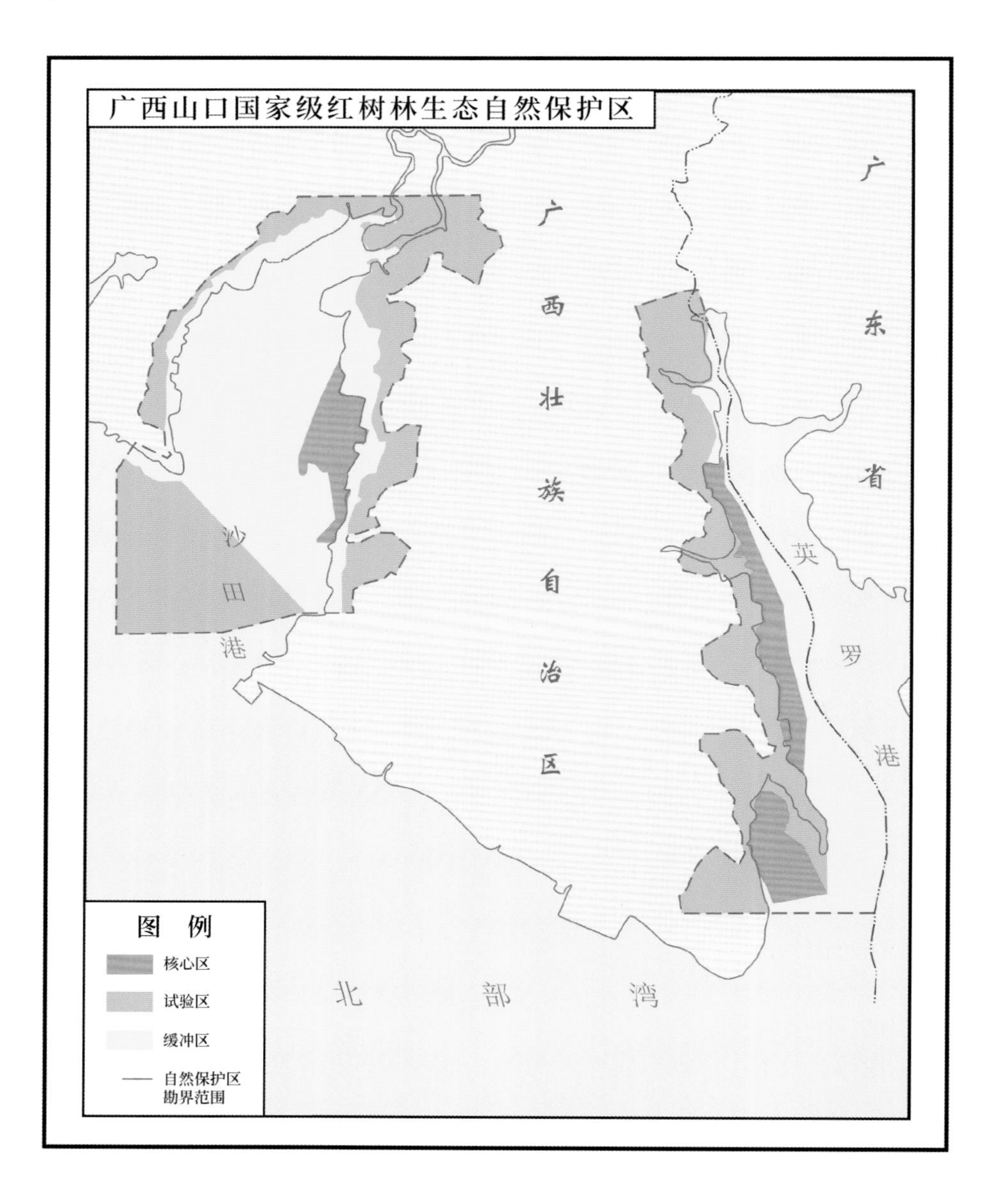
广西山口国家级红树林生态自然保护区
广西壮族自治区
广东省
沙田港
英罗港
北部湾
图例
核心区
试验区
缓冲区
自然保护区勘界范围

代表性资源

（一）动物资源

弹涂鱼

弹涂鱼

学　　名	*Periophthalmus modestus*
中文别称	花跳、跳跳鱼、泥猴
分类地位	脊索动物门辐鳍鱼纲鲈形目虾虎鱼科弹涂鱼属
自然分布	在我国沿海均有分布

弹涂鱼体背缘平直，眼在头的前半部，突出于头背缘之上，眼间隔很窄。鼻孔每侧 2 个，口裂大。体背黑褐色，腹部灰色，体侧有若干褐色斑点。背鳍 2 个。第 1 背鳍较高，扇形，浅褐色，边缘白色，平放时可延伸至第 2 背鳍起点；第 2 背鳍上缘颜色较浅，中部有一条黑色纵带，此纵带下缘有一条白色纵带。胸鳍黄褐色，基部肌肉发达。腹鳍灰褐色，左、右腹鳍愈合成一个心形吸盘。臀鳍基长。尾鳍后绷弧形，鳍条有斑点。

弹涂鱼雌、雄个体从外形上难以区别，但雌性生殖孔大而圆，呈红色，雄性生殖孔狭长。

弹涂鱼的皮肤能够辅助呼吸，因此可长时间出露于水外，具有离水觅食的习性。退潮时，弹涂鱼在泥涂上或树上爬行跳动以觅食，以浮游动物、昆虫及其他无脊椎动物为食。

儒艮

儒艮

学　　名	*Dugong dugon*
中文别称	海牛、人鱼、美人鱼
分类地位	脊索动物门哺乳纲海牛目儒艮科儒艮属
自然分布	在我国主要分布于浙江、广西、海南、广东及台湾等地沿海

儒艮体呈纺锤形，皮肤较光滑，有稀疏的短毛。头部较小，前端如截形。上唇略呈马蹄形，吻向腹部弯曲，其前端扁平，称为吻盘。通过吻盘的侧缘和后缘可以将食物送入口中。两个形似阀门的鼻孔并列于吻端背面，用于呼吸。鳍肢短，不足成体体长的 1/5，肢端钝圆，无指甲。无背鳍，尾鳍宽大，略呈三角形，中央有 1 个缺刻。胸部鳍肢下方具一对乳房。成体背面灰白，腹面颜色稍浅。

儒艮性情温顺，行动缓慢，喜欢结群活动。视力差，但听觉很灵敏。儒艮摄食海床上的海藻、海草。它们一天中的大部分时间都在摄食，一天可消耗四五十千克水生植物。

儒艮一般在 9 龄及以上达到性成熟。在繁殖期时，一头雌性儒艮被几头雄性追逐，然后进行交配。儒艮的妊娠期达 13 个月，每胎产 1 仔，幼仔的哺乳期 18 个月左右。新生的儒艮体长为 1 ～ 1.5 米，重约 30 千克。一般雌性在 10 ～ 17 龄时怀第一胎，前后两次产仔的时间间隔为 3 ～ 7 年。

（二）植物资源

红海榄

红海榄

学　　名	*Rhizophora stylosa*
中文别称	红海兰、鸡爪榄、厚皮
分类地位	被子植物门双子叶植物纲金虎尾目红树科红树属
自然分布	在我国主要分布于广东、广西、海南岛沿岸及台湾海岸

红海榄为常绿灌木或小乔木，有发达的支柱根。树皮灰褐色而光滑；小枝粗大，落叶之后叶痕明显；单叶对生，叶片长椭圆形或椭圆状倒卵形，具长柄，先端具芒尖。叶片背面有明显的黑褐色腺点。花 2 朵或更多，浅黄色，聚伞花序。果实梨形。种子在果实离母树前发芽，一般胚轴长 25 ～ 35 厘米，较长者可达 50 厘米以上，皮孔明显，表面有疣状突起。花果期为秋、冬季。

红海榄对环境条件要求不高，能在沙滩、沿海盐滩等环境生长，抵御海浪的能力较强。

桐花树

桐花树

学　　名	*Aegiceras corniculatum*
中文别称	蜡烛果、黑榄、浪柴、红蒴、黑脚梗、水蒌
分类地位	被子植物门双子叶植物纲杜鹃花目报春花科桐花树属
自然分布	在我国主要分布于广东、广西、福建、海南

桐花树为灌木或小乔木；叶革质，倒卵形或椭圆形，钝头，互生；伞形花序顶生，无柄，有花10余朵，花冠白色，钟形，内被长柔毛。蒴果圆柱形，锐尖，弯如牛角，革质。

桐花树生长于海边潮水涨落的泥滩上。花期在12月至翌年2月，果期在10～12月。桐花树树皮可做染料，木材是较好的薪炭柴。

银叶树

银叶树

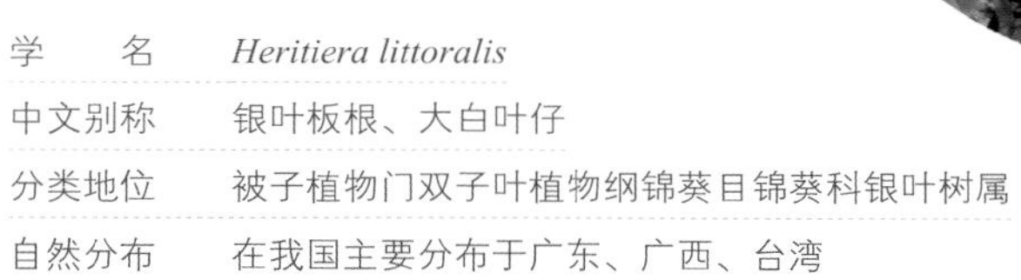

学　　名	*Heritiera littoralis*
中文别称	银叶板根、大白叶仔
分类地位	被子植物门双子叶植物纲锦葵目锦葵科银叶树属
自然分布	在我国主要分布于广东、广西、台湾

银叶树为常绿乔木，树皮呈灰黑色，幼枝被白色鳞秕。叶革质，为椭圆形或卵形，基部钝，下面密被银白色鳞秕；叶柄长 1 ～ 2 厘米；托叶披针形，早落。花红褐色；果木质，坚果状，近椭圆形，光滑，干时黄褐色，背部有龙骨状突起；种子椭球形，长约 2 厘米。花期在 4 ～ 5 月，果期在 8 ～ 11 月。

银叶树生长于海滨，是著名的板根树。所谓板根树即树的根系发达，主根间常具异常生长的向上板状扩展组织，用以支持和呼吸。这是热带植物对潮湿、多台风环境的适应表现。银叶树的果实中果皮有厚的木栓状纤维层，外果皮与内果皮之间有孔隙，能够使之漂浮在海面上，种子也就随海流散布。

（三）旅游资源

大士阁

大士阁又名四牌楼，位于合浦县山口镇永安村内。因此处曾供奉观音大士，故得大士阁一名。该阁历史悠久，始建于明初，清道光年间曾重修一次。整个建筑布局合理、协调和谐，构成一个优美稳固的统一体。该阁是中国距海最近的古建筑之一，是合浦县极具民族特色的文物旅游景点。

大士阁底层建筑面积为 167.5 平方米，二层建筑面积为 81 平方米，总建筑面积为 248.5 平方米，建筑保存基本完好。

大士阁由两座敞开式的亭阁相连，以四柱厅为中心，面阔三间，进深六间，无廊、无天井相隔。阁的立面为上、下两层。上层作阁楼式，用木板围护，设有门窗，地面铺设木板；下层是无围护的敞开式，整个的构架用榫卯连接，柱头承托着阁的外檐。阁重檐歇山式顶，每顶九脊，脊上施有精致的花纹装饰，有凤凰、二龙戏珠、鸟、树、奇花异草等浮雕，具有浓厚的生活气息。

历史人文

（一）民间传说

蛟人泣珠传说

合浦珍珠的美丽广受世人称赞，而这背后有着一个美丽的传说。相传，合浦珍珠是一位善良美丽的人鱼公主落下的泪珠形成的。很久以前，有一位青年在与凶恶海怪进行搏斗的过程中不幸受伤昏迷。人鱼公主救下了他并精心护理，后来两人感情日笃，结成了夫妻，带着夜明珠回到了人间。但贪心的县官想霸占夜明珠，于是残杀了青年。人鱼公主找到县官报仇雪恨之后，便化作一道金光回到海里的水晶宫。朝廷得知合浦有举世美丽的宝珠后，便派太监来此，逼迫村民驾船出海围捕人鱼公主。人鱼公主故意让太监三获宝珠又三失宝珠。最后一次，人鱼公主掀起滔天巨浪，将宝珠卷走。太监自知得不到宝珠，回京也性命难保，便自尽于此。此后，大海重归平静，月亮照常升起，但人鱼公主却日夜手捧夜明珠以思念亡夫，以泪洗面。人鱼公主的真情实感令海中的珠贝动容不已，于是每次人鱼公主落下晶莹的泪滴，珠贝就吞下，使泪滴变成了珍珠。如此，合浦一带便成了珠母海，这里出产的珍珠遐迩闻名。

（二）风土人情

山口鸭饭

山口鸭饭是合浦县山口镇一大特色菜品。鸭是白切鸭，饭是鸭汤熬制的饭。鸭饭流传于两广地区少部分城市。其中最为人知的就是山口鸭饭了，吃过的食客赞不绝口。

据说，山口鸭饭因古时候的贫穷而诞生。山口镇的人们在过传统节日都要杀鸭祭祀，杀鸭蒸煮时留下的汤汁不忍倒掉，直接加入米和少许盐烹饪熟透，一起用来祭祀。没想到这样煮出来的饭相当香糯可口，一时间在当地各个村落传开，流传至今。

六 保护区管理

（一）管理机制和制度建设

保护区管理机构为广西山口国家级红树林生态自然保护区管理局，相关法规有《广西壮族自治区山口红树林自然保护区管理办法》《关于加强山口国家级红树林生态自然保护区管理的通告》《关于加强保护红树林的通知》《山口红树林生态自然保护区管理费和资源利用补偿费收费标准》等。保护区建立了“保护区管理处—保护站—护林员”的三级管理机制，构建了集成护林网络。

（二）红树林保护及生态恢复

一是加大投入；二是以科研项目促生态恢复建设；三是加大对红树林病虫害防治工作。

（三）加强执法巡护能力建设

保护区以深化执法工作为重心，通过加大巡护执法力度、全力组织专项联合执法行动，有效地打击了保护区内的违法行为，维护了保护区内生态环境的正常稳定。

（四）不断加强宣传教育工作

一是利用各种节假日进行宣传；二是采取不定期走村入户与农村干部、群众座谈的方式，以增强与社区群众的沟通；三是到当地学校举行有关红树林与海洋环境等方面的讲座活动，加强对学生的宣传；四是深入推进社区共建活动。

（五）社区共管与多方参与

一是成立乡村保护组织，实现社区共管和相互监督；二是建立多方参与机制，共建红树林保护网络，使“人人参与保护红树林”的良好社会环境和舆论氛围逐渐在山口保护区逐步形成。

广西涠洲岛珊瑚礁国家级海洋公园

GUANGXI WEIZHOUDAO SHANHUJIAO GUOJIAJI HAIYANG GONGYUAN

广西涠洲岛珊瑚礁国家级海洋公园风光

一 保护区名片

地理位置	位于广西北海市南部海域，涠洲岛东北面和西南面距海岸线 500 米以外至 15 米等深线组成的两部分海域
地理坐标	20° 59′ 29.58″ N ~ 21° 05′ 20.54″ N, 109° 03′ 51.67″ E ~ 109° 09′ 55.29″ E
级别	国家级
批建时间	2012 年 12 月
面积	25.129 2 平方千米
保护对象	海底珊瑚礁生态系统
关键词	火山岛、广西最大的海岛
资源数据	珊瑚 43 种；鸟类 186 种，隶属 16 目 52 科

二 保护区概况

广西涠洲岛珊瑚礁国家级海洋公园于2012年12月21日批准成立，位于广西北海市南部海域，依托“中国最美十大海岛”之一的涠洲岛。涠洲岛珊瑚礁是我国南部海域分布位置最北的珊瑚礁，具有较高的生态、经济和科研价值。海洋公园总面积为25.129 2平方千米，其中重点保护区12.780 8平方千米，适度利用区12.348 4平方千米。

涠洲岛珊瑚礁生态系统是南海特色生态系统，对维护生物多样性、维持渔业资源、保护海岸线以及发展旅游业有重要作用。

珊瑚礁

三 功能分区图

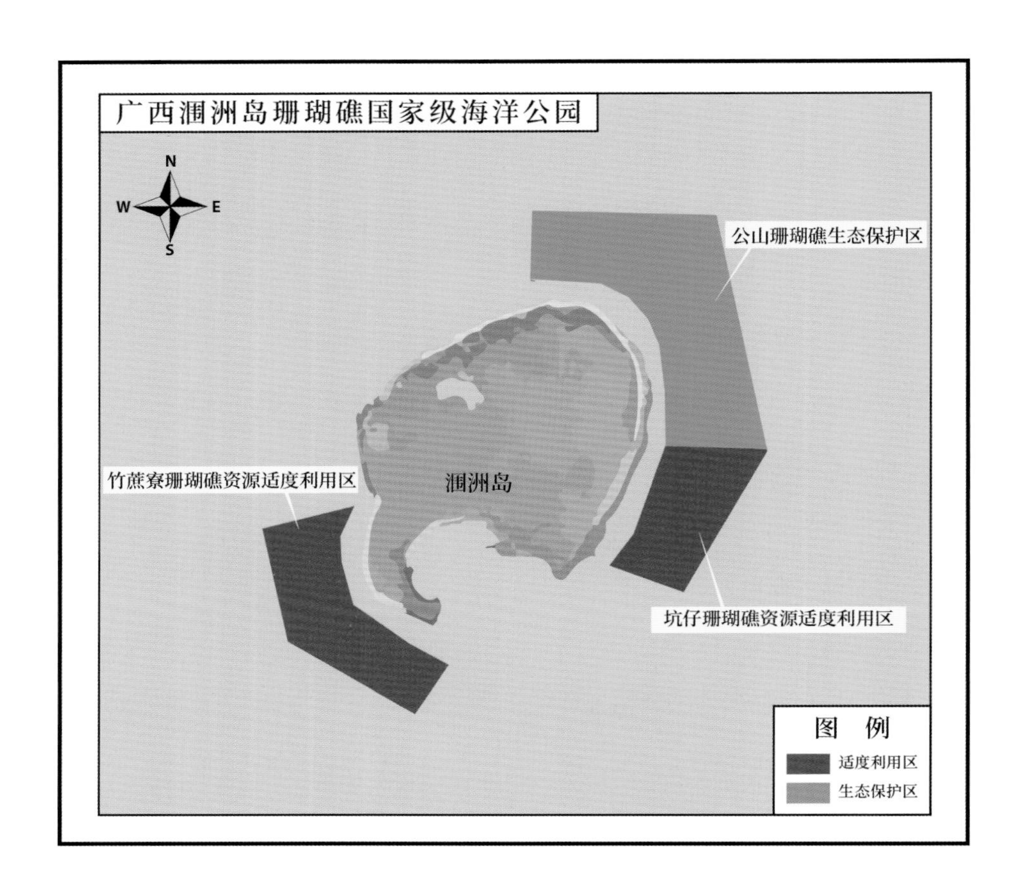

四 代表性资源

（一）生态资源

珊瑚礁

珊瑚虫是刺胞动物，在生长过程中能吸收海水中的钙和二氧化碳，分泌出石灰质，

珊瑚礁

变为自己的外壳。每一只单体珊瑚虫只有米粒那样大小，它们一群一群地聚居在一起，一代一代地生长繁衍，分泌的石灰质经过多年的压实、石化，形成礁石和岛屿，也就是所谓的珊瑚礁、珊瑚岛。

珊瑚礁海域蕴藏着丰富的油气资源。珊瑚礁及其潟湖沉积层中，还有煤炭、铝土矿、锰矿、磷矿，礁体粗碎屑岩中发现有铜、铅、锌等多金属层控矿床。珊瑚灰岩可作工业原料，千姿百态的珊瑚可作装饰工艺品，不少礁区已开辟为旅游场所。

（二）动物资源

疣荔枝螺

疣荔枝螺

学　　名	*Thais clavigera*
中文别称	荔枝螺、辣螺
分类地位	软体动物门腹足纲新腹足目骨螺科荔枝螺属
自然分布	在我国沿海均有分布

疣荔枝螺壳质坚厚，纺锤形，约有 6 层螺层，每层中部具一列疣状突起，体螺层的前两列尤为发达。壳口卵圆形，外唇基部具明显突起，具角质厣。壳面常呈灰绿色或黄褐色，具白色纵纹。

疣荔枝螺常见于我国沿海潮间带中潮区的岩石缝中，常集群分布，可短距离移动。在我国潮间带，疣荔枝螺是数量最丰富和最易于采集的腹足类动物之一。疣荔枝螺是肉食性贝类，主要摄食藤壶及双壳类动物，因而常是扇贝等贝类养殖的敌害生物。疣荔枝螺雌雄异体，每年 4 ～ 8 月为繁殖期。

（三）植物资源

黄葛树

黄葛树

学　　名	*Ficus virens*
中文别称	马尾榕、黄桷树、黄葛榕
分类地位	被子植物门双子叶植物纲蔷薇目桑科榕属
自然分布	在我国主要分布于重庆、广东、海南、广西、陕西、湖北、四川、贵州、云南等地

黄葛树属高大落叶或半落叶乔木。其茎干粗壮，树形奇特，悬根露爪，蜿蜒交错，古态盎然。枝杈密集，大枝横伸，小枝斜出虬曲。树叶茂密，叶片油绿光亮。寿命很长，百年以上大树比比皆是。花期 5 ～ 8 月，果期 8 ～ 11 月。果生于叶腋，球形，黄色或

紫红色。

黄葛树树高 15 ～ 20 米。板根延伸达十米外，支柱根形成对干，胸围达 3 ～ 5 米。叶互生；叶柄长 2.5 ～ 5 厘米；托叶广卵形，急尖，长 5 ～ 10 厘米；叶片纸质，长椭圆形或近披针形，长 8 ～ 16 厘米，宽 4 ～ 7 厘米，先端短渐尖，基部钝圆或楔形至浅心形，全缘，基出脉 3 条，侧脉 7 ～ 10 对，网脉稍明显。

黄葛树喜光，生于疏林中或溪边湿地，为阳性树种，喜温暖、高温湿润气候，耐旱而不耐寒，耐寒性比榕树稍强。它抗风，抗大气污染，耐瘠薄，对土质要求不严，生长迅速，萌发力强，易栽植。

银合欢

银合欢

学　　名	*Leucaena leucocephala*
中文别称	白合欢
分类地位	被子植物门双子叶植物纲蔷薇目豆科银合欢属
自然分布	在我国主要分布于福建、台湾、广东、广西、云南

银合欢属灌木或小乔木，高 2 ～ 6 米；幼枝被短柔毛，老枝无毛，具褐色皮孔，无刺；托叶三角形，很小。羽片 4 ～ 8 对，长 5 ～ 9 厘米，叶轴被柔毛，在最下一对羽片着生处有黑色腺体 1 枚；小叶 5 ～ 15 对，线状长圆形，先端急尖，基部楔形，边缘被

短柔毛，中脉偏向小叶上缘，两侧不等宽。

头状花序通常 1 ~ 2 个腋生，直径 2 ~ 3 厘米；苞片紧贴，被毛，早落；总花梗长 2 ~ 4 厘米；花白色；花萼长约 3 毫米，顶端具 5 细齿，外面被柔毛；花瓣狭倒披针形，长约 5 毫米，背被疏柔毛；雄蕊 10 枚，通常被疏柔毛，长约 7 毫米；子房具短柄，上部被柔毛，柱头凹下呈杯状。

荚果带状，顶端凸尖，基部有柄，纵裂，被微柔毛；种子 6 ~ 25 颗，卵形，长约 7.5 毫米，褐色，扁平，光亮。花期 4 ~ 7 月；果期 8 ~ 10 月。

银合欢喜温暖湿润气候，具有很强的抗旱能力。不耐水淹，低洼处生长不良。银合欢适应土壤条件范围很广，以中性至微碱性土壤最好，在酸性红壤土上仍能生长，适应 pH 值在 5.0 ~ 8.0 之间。只要潮湿，在石山的岩石缝隙也能生长。

（四）旅游资源

盛塘天主教堂

涠洲盛塘天主教堂位于涠洲岛盛塘村，是全国重点文物保护单位，“晚清四大天主教堂”之一。教堂由法国传教士建于同治年间（1862 ~ 1875），如今主体建筑保存较为完好。整座建筑主要取材于海底火山石，运用周密的力学设计建成，是典型的文艺复兴时期法国哥特式教堂。教堂高 13.5 米，长 56 米、宽 17 米，全用岩石、珊瑚粒及竹木瓦建造，建筑面积为 1 500 平方米，教堂内可容纳教徒 1 500 人。

盛塘天主教堂

涠洲岛五彩滩

五彩滩

五彩滩景区位于涠洲岛东海岸。景区内长达 1.5 千米的海岸几乎都发育有 20 ～ 50 米高的海蚀崖，崖面耸立。退潮时可见宽达几十米至上百米的海蚀平台，海蚀平台在海蚀崖前展布，平坦而宽阔。在海蚀崖与海蚀平台的交界处，形态各异的海蚀洞随处可见。

“滴水丹屏”

“滴水丹屏”位于涠洲岛西部的滴水村，堪称中国火山景观的奇迹。岩石形成的悬崖峭壁是海蚀地貌，裸露的岩层有红、黄、紫、绿、青五色相间，纹理异常清晰。崖顶之上藤树缠绕，红花绿叶倒挂崖头，展现出旖旎多姿的色彩，取名“丹屏”。巨崖岩层上长年涌动着水珠，不断地向崖下滴落，所以取名“滴水”。

涠洲岛“滴水丹屏”

涠洲灯塔

涠洲灯塔位于涠洲岛之巅，1956 年设立，原为铁架结构，1969 年改建为石塔。2002 年， 广东海事局拨款 100 多万元重建后的涠洲灯塔，高 22 米，内设旋转楼梯，梯级铺贴红色花岗岩面层，塔身内侧贴白色瓷砖，外侧面贴白色仿石砖。灯塔采用高级铝合金钢化玻璃水密窗，耐腐蚀、防水性好；塔的底部巧妙地开设通风孔，使灯塔内部长期处于通风透气状态；塔顶安装上海产铜制灯，灯光射程 18 海里；灯塔上部设有瞭望台，可观赏全岛风光 。

（五）景观资源

火山景观

涠洲岛海平面以上的岩石基本由火山岩及火山沉积岩组成，呈现出火山口港湾、火山弹、火山石、火山冲击坑以及放射状断裂层等神奇景观。

海蚀景观

沿岸悬崖峭壁，坡陡水深，形成海蚀洞、海蚀沟、海蚀龛、海蚀崖、海蚀柱、海蚀窗、海蚀平台、海蚀蘑菇等千姿百态的海蚀地貌。

涠洲岛风光

生物景观

涠洲岛珊瑚礁体分布海域广，透过清澈的海水，可以欣赏到品种繁多、色彩斑斓的活珊瑚，以及鱼、海螺、海星、水母等水生动物和多种海底奇观。

五 历史人文

（一）民间传说

湄洲三婆庙

涠洲三婆庙又名妈祖庙、天后宫，位于涠洲岛南部。据说在清乾隆三年（1738 年），一名叫黄开广的福建商人在涠洲附近海面遇风暴袭击，幸得三婆在南湾显灵，逢凶化吉，后出资修建了此庙，以谢海神恩德（原建的庙宇后被山体塌方压倒，现有的庙宇为后来重建）。婆，闽语“母亲”之意。传说中的三婆姓林名默即妈祖。渔民有难，在船头、船尾点上蜡烛，连呼三声“三婆”，便能逢凶化吉，遇难成祥。

涠洲三婆庙建在火山悬崖峭壁下，依山傍海，是一座赭红色四合院庙宇，猪仔岭、龟山和鳄鱼山扶其左右，双龙、葫芦、怪兽等雕画其间，庙门匾额“天后宫”，两侧有“神庙朝朝朝朝朝朝应，海水长长长长长长流”对联。院内金碧辉煌，三婆和众神像置于大厅中央，终年香烟缭绕。

（二）风土人情

火山羊

涠洲岛火山羊生长在海边的悬崖峭壁上，擅长在绝壁上行跑，吃的是山中的青草，喝的是山中的泉水，所以肉质特别鲜美，其最佳吃法是烤全羊，色、香、味、形俱全，风味独特。

青蟹粥

青蟹肉质鲜美细腻，多数人或煮或炒，而用来煮粥则更有一翻风味。青蟹粥不仅营养丰富、味道鲜美，而且更具有滋补、祛病和养身之功效。具体做法是将白粥煮沸，先放入蟹、虾、蚝煮1～2分钟，再放入鲜墨鱼、鱼片煮2分钟，最后放冬菜粒、头菜粒、花生、姜丝，起锅以后，将芥菜、葱花放在碗底，用滚粥入碗即成。此粥以海鲜为主，营养丰富，既有蟹、虾、墨鱼的鲜味，又有蔬菜的营养，可以说是一箭双雕。

保护区管理

（一）加强海洋公园管理能力建设

2013年，北海市成立了广西涠洲岛珊瑚礁国家级海洋公园管理站，具体负责广西涠洲岛珊瑚礁国家级海洋公园管理工作。各项基础工作逐步推进，海洋公园涠洲岛工作站、界碑、禁止牌、宣传牌等基础设施相继完善，管理站办公用房及涠洲岛珊瑚礁生态试验基地相继建设。

（二）完善有关法规及制度

积极组织编制《广西涠洲岛珊瑚礁国家级海洋公园总体规划》和《广西涠洲岛珊瑚礁国家级海洋公园管理办法》。定期组织执法人员在海洋公园附近海域开展执法检查工作，发现违法用海行为及时纠正。

涠洲岛风光

（三）积极开展海洋公园宣传工作

采用走访、座谈会、媒体宣传、发传单通告等多种形式开展宣传教育活动，宣传海洋公园的必要性和重要性，宣传海洋公园管理的有关法律规章和政策制度，提高了广大群众特别是渔民的保护意识。同时，积极融入海洋公园周边社区文化，努力促进海洋公园与地方社区共管。

（四）修复珊瑚礁生态环境

开展珊瑚礁生态恢复示范工程、珊瑚礁本底资源调查与可修复性评估、珊瑚幼体培育和珊瑚移植、珊瑚生物礁投放、珊瑚敌害生物防控、珊瑚礁礁区生物人工增殖放流等生态恢复工作，促进珊瑚礁生态系统修复。

广西钦州茅尾海国家级海洋公园

GUANGXI QINZHOU MAOWEIHAI GUOJIAJI HAIYANG GONGYUAN

保护区名片

地理位置	位于广西钦州市茅尾海海域，边界南连龙门群岛，西临茅岭江航道，北连广西茅尾海红树林自然保护区，东接沙井岛航道
地理坐标	21° 47′ 16.2610″ N ~ 21° 52′ 14.8069″ N, 108° 30′ 47.2270″ E ~ 108° 33′ 35.9523″ E
级别	国家级
批建时间	2011 年 5 月
面积	34.827 平方千米
保护对象	红树林、盐沼等典型生态系统，丰富的近江牡蛎种质资源
关键词	南国蓬莱、中国大蚝之乡、中国香蕉之乡、中国荔枝之乡
资源数据	经济价值较高的鱼类 60 多种，虾、蟹类 30 多种，贝类 110 多种

广西钦州茅尾海国家级海洋公园风光

二 保护区概况

广西钦州茅尾海国家级海洋公园是 2011 年 5 月 13 日批准建立的。保护区位于广西钦州市茅尾海海域，总面积 34.827 平方千米，边界长 25.0 千米。广西钦州茅尾海国家级海洋公园划分为 3 个功能分区，分别是重点保护区、生态与资源恢复区和适度利用区。重点保护区面积为 5.787 平方千米，适度利用区面积为 21.83 平方千米，生态与资源恢复区面积为 7.21 平方千米。

广西钦州茅尾海国家级海洋公园位于河口海湾区，具有旺盛的初级生产力和较高的生物多样性，同时拥有处于原生状态的红树林和盐沼等典型海洋生态系统，也是近江牡蛎的全球种质资源保留地和我国最重要的养殖区与采苗区。海洋公园内连片分布的红树林－盐沼草本植物群落，景观独特，在我国较为罕见，具有非常重要的研究价值。

三

功能分区图

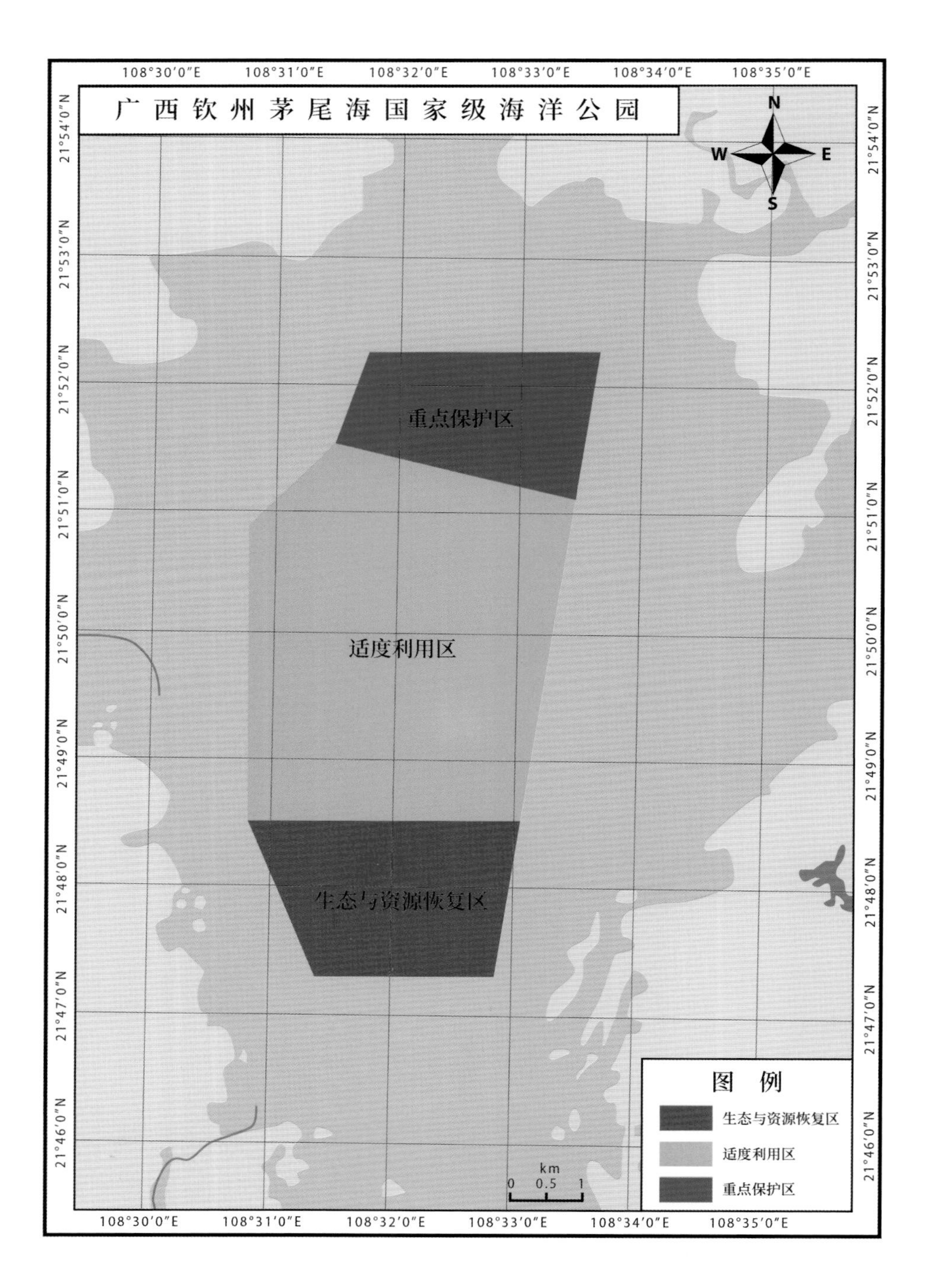

广西钦州茅尾海国家级海洋公园
108°30′0″E
108°31′0″E
108°32′0″E
108°33′0″E
108°34′0″E
108°35′0″E
21°54′0″N
21°53′0″N
21°52′0″N
21°51′0″N
21°50′0″N
21°49′0″N
21°48′0″N
21°47′0″N
21°46′0″N
N
S
W
E
重点保护区
适度利用区
生态与资源恢复区
km
0 0.5 1
图例
生态与资源恢复区
适度利用区
重点保护区

盐沼

四 代表性资源

（一）生态资源

盐沼

盐沼是地表过湿或季节性积水、土壤盐渍化并长有盐生植物的地段。盐沼地表水呈碱性，土壤中盐分含量较高，表层积累有可溶性盐，其上生长着耐盐、喜水植物，这是它的基本特性。

盐沼

盐沼植物为适应特殊的生活环境，常表现为植物体干、硬，叶面积减小，叶面上气孔下陷，茎（或叶）中部有许多薄壁储水组织，外围则是细胞排列紧密的栅栏组织。

常见盐沼植物如碱蓬、盐角草、海乳草、水麦冬等。

盐沼地表过湿，土壤中多盐，不利于动物生活，故动物种类十分贫乏。主要动物类群有鱼类、啮齿类、鸟类、昆虫、软体动物等。

（二）动物资源

锯缘青蟹

锯缘青蟹

学　　名	*Scylla serrata*
中文别称	蝤蛑、黄甲蟹、大肉蟹
分类地位	节肢动物门甲壳纲十足目梭子蟹科青蟹属
自然分布	在我国主要分布于浙江、福建、台湾、广东、广西等沿海

锯缘青蟹头胸甲略呈椭圆形，表面光滑，中央稍隆起，分区不明显。甲面及附肢呈青色。背面胃区与心区之间有明显的“H”形凹痕，额缘具 4 个突出的三角形齿，前侧缘有 9 枚中等大小的齿。螯足粗壮，两螯不对称。十足皆具网纹。

锯缘青蟹生活在潮间带泥滩至大陆架海底，喜停留在滩涂水洼之处及岩石缝等处，善于游泳，也能在海底爬行。白天多穴居，夜间四处觅食。

锯缘青蟹是广温广盐海产蟹类。锯缘青蟹耐干能力较强，离水后只要鳃腔里存有少量水分，鳃丝湿润，便可存活数天或数十天。

锯缘青蟹的繁殖季节较长，但因地而异。锯缘青蟹一般一年达性成熟。交配前，雌蟹先行生殖蜕壳，在其新壳尚未硬化之前雄蟹与其交配，交配时间可持续 1 ~ 2 天。

之后，母蟹潜入海底抱卵直至孵化。

锯缘青蟹的生长是不连续的，蜕壳是其生长的标志，只有在蜕壳时才能生长。锯缘青蟹一生共蜕壳 13 次，最后一次蜕壳即生殖蜕壳。

虎纹蛙

虎纹蛙

学　　名	*Hoplobatrachus rugulosus*
中文别称	水鸡、田鸡
分类地位	脊索动物门两栖纲无尾目叉舌蛙科虎纹蛙属
自然分布	在我国主要分布于长江以南地区

虎纹蛙头端部较尖，游泳时可以减少阻力。口十分宽大，除捕食外，一般很少张开。眼睛位于头的背侧或头两侧。上方和下方都有眼睑，与眼睑相连的还有向内折叠的透明瞬膜，在潜水时，瞬膜上移可以盖住眼球。外鼻孔上有一个鼻瓣，可以随时开闭，以此控制气体的进出。雄性头部腹面的咽喉侧部有一对淡蓝色囊状突起物即声囊，这是一种共鸣器，能将喉部发出的声音扩大为洪亮叫声，起到吸引雌性的作用。前肢稍短，各有 4 趾，主要起支撑身体前部的作用，还能协助捕食及游泳时的身体平衡。后肢较长，各有 5 趾，趾间有蹼，主要是在水中游泳和在陆地跳跃时起推进作用。全身呈金黄色并带黑色斑点。体背面粗糙，有小疣和纵行的肤棱。

虎纹蛙的食物种类很多，其中鞘翅目昆虫约占食物量的 36%。此外它还吃泽蛙、黑斑蛙等蛙类和小家鼠，而且它们在虎纹蛙的食物中占有很重要的位置。

虎纹蛙与一般蛙类不同，不仅能捕食活动的食物，而且可以直接发现和摄取静止的食物。虎纹蛙主要在晚上出来活动和觅食。

（三）植物资源

红锥

红锥

学　　名	*Castanopsis hystrix*
中文别称	刺栲、红锥栗、红栲
分类地位	被子植物门双子叶植物纲壳斗目壳斗科锥属
自然分布	在我国主要分布于广东、广西、福建、台湾等地

红锥为常绿大乔木，干形通直，高可达 30 米，胸径 1 米以上。叶互生，两列，薄革质，卵形、卵状椭圆形或卵状披针形，全缘或顶端有细钝齿，背面密被红褐色鳞。

红锥是喜暖喜湿的属种，不耐干旱，多生于平均年降水量 1 000 ~ 2 000 毫米的地区，具有较强的抗风能力。红锥成树喜光照，但幼树需遮阴。红锥适应于多种土壤，如由花岗岩、砂页岩等发育而成的酸性红壤、黄壤或赤红壤，但不适生于石灰岩地区。在土层深厚、疏松、肥沃、湿润、排水良好的地方生长良好。

格木

格木

学　　名	*Erythrophleum fordii*
中文别称	铁木、斗登凤
分类地位	被子植物门双子叶植物纲豆目豆科格木属
自然分布	在我国主要分布于广西、广东、福建、台湾、浙江

格木属乔木，通常高约10米，有时可达30米，嫩枝和幼芽被铁锈色短柔毛，叶互生。由穗状花序所排成的圆锥花序长15 ~ 20厘米；花瓣5枚，淡黄绿色，长于萼裂片，倒披针形，内面和边缘密被柔毛。荚果长圆形，扁平，厚革质，有网脉。种子长圆形，稍扁平，种皮黑褐色。花期5 ~ 6月，果期8 ~ 10月。

格木多分布在气候温暖湿润、土壤为砖红壤或红壤的地区。幼苗、幼树不耐寒，常因霜冻而枯梢甚至冻死，大树耐寒性强。

蝴蝶果

蝴蝶果

学　　名	*Cleidiocarpon cavaleriei*
中文别称	密壁、猴果、山板栗
分类地位	被子植物门双子叶植物纲金虎尾目大戟科蝴蝶果属
自然分布	在我国主要分布于贵州、云南、广西

蝴蝶果属常绿乔木，高达 30 米，胸径约 1 米，树皮灰色至灰褐色，嫩枝、花枝、果枝均具有星状毛，后变无毛。叶互生，上面深绿色，有光泽，下面浅绿色。圆锥状花序顶生，由 7 ～ 13 朵雄花和 1 ～ 6 朵雌花组成。果为核果，外果皮革质，密被灰黄色星状毛，内果皮薄革质，果梗长约 1.5 厘米。种子近球形，灰褐色，直径 2.5 厘米，胚乳黄色。

蝴蝶果喜光，喜温暖多湿气候，耐寒，但抗风能力较差。对土壤的适应性较广，多生长在石灰岩山上。

（四）旅游资源

龙门岛

龙门岛

龙门岛是龙门群岛中的主岛，位居群岛中部偏西，面积 11.9 平方千米，最高处海拔 38.1 米，是茅尾海上最大的岛屿。因山脉自西向东蜿蜒起伏如龙状，前屏左右山岭东西对峙如门，扼茅尾海与钦州港出口，故名龙门。到了龙门岛，看到的是渔村一派繁荣的景象。龙门港镇是钦南区的渔业生产重镇，是广西重要渔港，也是主要的近江牡蛎生产基地之一。龙门港镇的近江牡蛎养殖面积有 24.5 平方千米，渔民主要是利用龙门群岛的泾湾和岛屿周边的浅海滩涂打桩吊养近江牡蛎，那些吊养近江牡蛎的木排一个连着一个，形成了颇有特色的“十里蚝排”，这可是龙门群岛观光旅游的一个亮点。近年来，随着龙门群岛旅游开发建设，“十里蚝排”吸引了越来越多的游人。

广西茅尾海红树林自然保护区风光

仙岛公园

仙岛公园又称逸仙公园，位于钦州港龙门群岛七十二泾景区入口处的龟岛上。公园始建于 1995 年 9 月，是钦州市委、市政府为纪念孙中山先生规划建设南方第二大港——钦州港而建造。七十二泾，又名龙泾还珠，是集自然景观和人文景观于一体的旅游胜地，北起钦江出海口沙井港，南至钦州湾内湾的门户三墩。

（五）景观资源

锥林叠翠

锥林叠翠位于钦州市浦北县。纵贯浦北县境中南部的五黄岭山脉生长着 20 多万亩连片原始红锥次生林，它们树干挺直粗大，参天耸立，枝条多而紧凑，叶子青绿密集而细长，每棵树都像一把翠绿的巨伞，遮天蔽日。从山下往上看，那葱茏翠绿的锥林，顺着由低到高、蜿蜒起伏的山势，漫山遍野，密密匝匝，层层叠叠地生长，一望无际。

五 历史人文

风土人情

钦州坭兴陶

钦州坭兴陶被认定为广西最具民族特色的两件宝之一，也是钦州的特产之一。钦州坭兴陶作为一种传统民间工艺，已有 1 300 多年历史。1921 年，城东山麓发现逍遥大冢，内藏陶壶一只及陶碑一方。镌字 1 500 余言。经考证，始知乃唐开元年间（713 ~ 741）宁越郡（现钦州市）第五世刺史宁道务墓志，可见钦州制陶历史之久远。

钦州坭兴陶

猪脚粉

钦州的特产是猪脚粉，其制作的方法也很简单，没有复杂的工序，只是把猪脚洗净斩件，配以八角、桂皮等料烹制，食用时，一碗汤粉加一块油得发亮的猪脚，配上当地特有的上好细米粉，香辣鲜爽。俗话说："钦州猪脚粉，神仙也打滚"，是钦州的招牌美食小吃。

六 保护区管理

（一）规章制度管理

为了加强海洋公园管理工作，保护区制定了相应的管理规章及制度，包括议事制度、工作人员行为规范、财务制度、预算制度等。为了有效整合茅尾海优良的自然资源，扩大茅尾海国家海洋公园的范围和丰富其内容、内涵，开展了海洋公园扩区工作、国家海洋公园建设规划工作、茅尾海养殖规划调整工作和红树林湿地公园规划建设等工作。

（二）生态环境保护

2011 年，茅尾海综合整治一期工程正式开工，主要工作内容有海域清淤、岸坡防护、退堤还海、海岛岸线植被修复、沙滩修复、养殖调整等。

（三）监测监控基地项目

积极推进公园监测监控基地项目，包括海洋生态监测实验室、验潮站和监测监控巡护码头，以加强海洋生态监测能力和保护管理能力建设。

（四）日常管护工作

不定期开展整治非法盗采海砂专项执法行动，每天安排海监船在海上驻守，制止多起偷采海砂行为，有效遏制了非法采矿的行为，保护了海洋资源和海洋环境。

（五）整治与修复工程

开展沙井生态修复工程、沙井东岸岸线整治工程、沙井沙滩修复工程、龙门退堤还海区域整治项目、广西七十二泾海岛保护与开发利用示范项目。

广西北仑河口国家级自然保护区

GUANGXI BEILUNHEKOU GUOJIAJI ZIRAN BAOHUQU

一 保护区名片

地理位置	位于广西防城港市防城区和东兴市境内
地理坐标	21° 31′ 00″ N ~ 21° 37′ 30″ N, 108° 00′ 30″ E ~ 108° 16′ 30″ E
级别	国家级
批建时间	2000 年 4 月
面积	30 平方千米
保护对象	红树林生态系统、滨海过渡带生态系统和海草床生态系统
关键词	大陆沿岸最大片红树林之一、候鸟迁飞中继站
资源数据	红树植物 18 种，大型底栖动物 155 种，鱼类 58 种，鸟类 263 种，隶属于 17 目 57 科，有 40 种国家重点保护鸟类

广西北仑河口国家级自然保护区风光

广西北仑河口国家级自然保护区

二 保护区概况

广西北仑河口国家级自然保护区于2000年4月经国务院批准建立。位于中国大陆海岸线的西南端中越两国交界处，地理位置特殊，是一个以保护红树林、滨海过渡带、海草床等生态系统及生物多样性为主的“海洋和海岸生态系统类型”自然保护区。保护区总面积为30平方千米，包括核心区面积14.067平方千米，实验区面积3.333平方千米，缓冲区面积12.6平方千米。

海草床在生态上具有重要意义。广西北仑河口国家级自然保护区的交东、山心、贵明等沿海有总面积约78平方千米的海草床。保护区有河口海岸、开阔海岸和海域海岸等地貌类型，具有明显的海洋性季风气候特点，年均气温22.2℃，年降水量2 500 ~ 2 700毫米。保护区陆地土壤为砂页岩发育形成的砖红壤和海滨沙地。

三 功能分区图

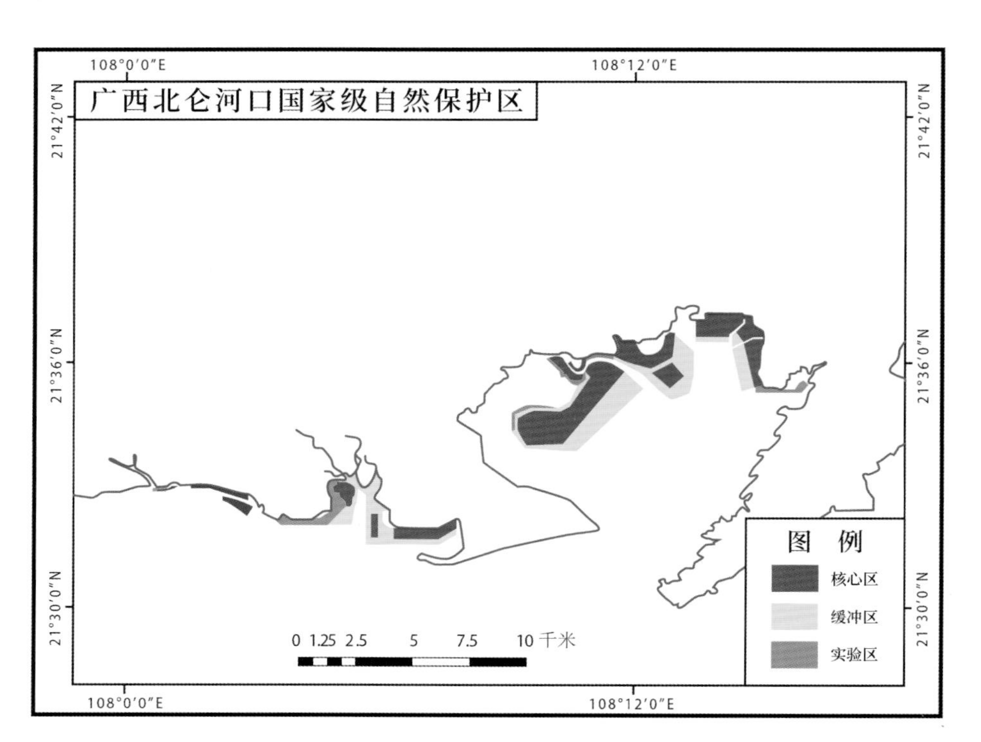

四 代表性资源

（一）动物资源

红树蚬

红树蚬

学　　名	*Geloina coaxans*
中文别称	马蹄蛤
分类地位	软体动物门瓣鳃纲帘蛤目蚬科红树蚬属
自然分布	在我国主要分布于福建、广东、广西、海南、台湾等地海域

红树蚬贝壳中等大，两壳厚重而膨胀，近三角形。壳顶稍偏前方，略突出。前端圆，后端稍呈角度，前后背缘呈“八”字形，腹缘呈半圆形。壳表颜色变化与环境有关，多呈黄灰色，具同心刻纹。贝壳内珍珠光泽呈紫色。铰合部较发达。左壳具 3 枚主齿，前后侧齿各 1 枚；右壳主齿 3 枚，前后侧齿各 2 枚。前闭壳肌痕呈长圆形，后闭壳肌痕呈圆形。

红树蚬分布于热带－亚热带海区，生活在咸淡水交汇的河口和潮间带，常生活于红树林中。最适合生长的水温 20℃ ~ 28℃，盐度 5 ~ 20，海水 pH 7.2 ~ 8.2，底质为软泥或砂泥，营潜栖生活，栖息深度约 10 厘米，以底栖硅藻和有机碎屑为食，繁殖期为 5 ~ 9 月。

中华乌塘鳢

中华乌塘鳢

学　　名	*Bostrychus sinensis*
中文别称	文鱼
分类地位	脊索动物门辐鳍鱼纲鲈形目塘鳢科乌塘鳢属
自然分布	在我国主要分布于东海和南海

中华乌塘鳢体长且粗壮，前部近圆筒形，后部侧扁。头宽大，略平扁，吻钝，口裂宽，上颌骨向后延至眼后缘。上、下颌各有多行绒毛状细齿，大小一致。全身被细小圆鳞，吻部和头顶的鳞略退化，颊部鳞非常细小，尾柄处的鳞最大。具 2 个背鳍，两鳍相距较远。体背黑褐色，腹面色浅。体侧上方有 12 条隐约可辨的深褐色横斜纹，

尾鳍基底上端有 1 个带白边的黑色眼状大斑。第 1 背鳍中部有一条较窄的浅色纵带，基底具深褐色斑带。第 2 背鳍有 6 ~ 7 条深色纵带。

中华乌塘鳢栖居于近海内滩涂或咸淡水沿岸的洞穴内，也可进入淡水中生活。中华乌塘鳢是以虾、蟹为主食的肉食性鱼类，偶也摄食小鱼及水生昆虫等。每年 5 ~ 10 月为中华乌塘鳢的繁殖期，在大潮前夕易产卵。繁殖时，雌雄个体常栖居于同一洞穴内，产卵受精后离去。受精卵在洞穴内发育孵化。

（二）植物资源

黄槿

黄槿

学　名	*Hibiscus tiliaceus*
中文别称	黄木槿、桐花、海麻
分类地位	被子植物门双子叶植物纲锦葵目锦葵科木槿属
自然分布	在我国主要分布于华南

黄槿为常绿灌木或小乔木，高可达 10 米。小枝无毛或疏被星状绒毛。叶大，近圆形或卵圆形，先段尖，基部心形，叶柄长 2 ~ 8 厘米，叶片嫩时被稀疏的星状毛，逐渐脱落至无毛，下面密被灰白色星状绒毛，并混杂长柔毛。花单生于叶腋，或数朵花形成腋生或顶生总状花序。花冠钟形，直径 5 ~ 7 厘米，黄色，内面基部紫色；花瓣 5 枚，倒卵形，密被黄色柔毛。蒴果卵圆形，长约 2 厘米，具短喙，被绒毛，果爿

5 个，木质。种子肾形，具乳突。花期在 6 ～ 8 月。

黄槿为阳性植物，喜阳光。生性强健，耐旱、耐贫瘠。土壤以砂质壤土为佳。黄槿抗风能力强，有防风固沙的作用；耐盐碱，适合海边种植。

黄槿树皮纤维供制绳索，嫩枝叶供蔬食；木材坚硬致密，耐朽力强，适于建筑、造船及家具等用。在广州及广东沿海地区小城镇也有栽培，多作为行道树。

金花茶

金花茶

学　　名	*Camellia petelotii*
中文别称	黄花油茶、亮叶离蕊茶
分类地位	被子植物门双子叶植物纲侧膜胎座目山茶科山茶属
自然分布	在我国主要分布于广西

金花茶为灌木，高 2 ～ 3 米，嫩枝无毛。叶革质，长圆形或披针形，或倒披针形，长 11 ～ 16 厘米，宽 2.5 ～ 4.5 厘米。先端尾状渐尖，基部楔形，上面深绿色，发亮，无毛，下面浅绿色，无毛，有黑腺点，中脉及侧脉 7 对，在上面陷下，在下面突起，边缘有细锯齿，齿刻相隔 1 ～ 2 毫米，叶柄长 7 ～ 11 毫米，无毛。

花黄色，腋生或近顶生，单生或成对，黄色，花梗长 5 ～ 15 毫米；苞片 4 ～ 6 片，半圆形，长 2 ～ 3 毫米，宽 3 ～ 5 毫米；萼片 5 片，卵圆形至圆形，长 4 ～ 10 毫米，宽 7 ～ 8 毫米，内侧略有微毛；花瓣 10 ～ 13 片，外轮近圆形，长 1.5 ～ 1.8 厘米，宽 1.2 ～ 1.5 厘米，无毛，内轮倒卵形或椭圆形，长 2.5 ～ 3 厘米，宽 1.5 ～ 2 厘米；雄蕊排成 4 轮，外轮与花瓣略相连生，花丝近离生或稍连合，无毛，长约 1.2 厘米；子房无毛，3 ~ 4 室，花柱 3 ~ 4 条，无毛，长约 1.8 厘米。

蒴果扁三角球形，长约 3.5 厘米，宽约 4.5 厘米。种子半球形，棕色，被稀疏的黄褐色柔毛，长约 2 厘米。花期 11 ~ 12 月。

金花茶喜温暖湿润气候，喜半阴环境。进入花期后，需要阳光透射。对土壤要求不严，耐瘠薄，也喜肥，微酸性至中性土壤中均可生长。开花季节，满树金灿，有“茶族皇后”美誉，是很好的观赏树种。

（三）旅游资源

簕山古渔村

簕山古渔村位于港口区企沙半岛东部沿海，距防城港市中心约 25 千米。整个村庄占地 0.267 平方千米，村前为一片数十平方千米的浅海沙滩。村民依海而生，收入来源主要是养殖和捕捞沙虫、牡蛎、文蛤、青蟹、对虾等海产品。岸边礁石林立，村内树林清幽，是一个集幽林、古堡、碧海于一身的独特自然村。这里是广西现存较完整的古渔村之一，具有较深厚的历史文化底蕴，是北部湾沿海渔村历史发展变迁的一个缩影，对研究古渔村历史文化具有重要的参考价值。

簕山古渔村风光

北部湾海洋文化公园风光

北部湾海洋文化公园

北部湾海洋文化公园是把原来的北部湾广场进行修缮、改造、提升而成的，毗邻防城港市博物馆、文化艺术中心、科技图书馆、青少年活动中心四大场馆，占地 0.355 平方千米。

北部湾海洋文化公园海洋诗书苑占地约 0.067 平方千米，沿北部湾海洋文化公园中轴线的东西两侧分布，近 70 块景观奇石镌刻出风格各异、形式多样的 120 幅书法作品。

五 历史人文

（一）历史故事

钦廉防城起义

光绪三十三年（1907）四月下旬，受苛捐杂税之苦，钦州三那墟（那黎、那彭、那思）百姓在团绅刘思裕等人的带领下组织“万人会”，发起抗捐斗争。时任两广总督的周馥立即派郭人漳、赵声率军前往镇压。见如此大势，孙中山决定联合抗捐群众，大举起义。于是派邝敬川潜赴钦州招纳刘思裕，在邝敬川的“晓以革命大义”之下，刘思裕等人同意在同盟会领导下共同起义。孙中山又派胡毅生入赵声营中劝说郭人漳、赵声同时起义。不料郭人漳的部队却出其不意，突袭抗捐民团，群众伤亡惨重，刘思裕遇难。后孙中山命王和顺入三那墟再次发动起义。9 月 2 日，王和顺率二百人由三那墟至钦州王光山起义，3 日后攻克防城，杀知县并出示安民，宣传同盟会的纲领，发布《告粤省同胞文》《告海外同胞书》等起义文告。后因粮草不足，被迫解散，王和顺等二十余人退居越南。

（二）民间传说

哈亭传说

相传在白龙尾海面上有个蜈蚣精为非作恶，不少过往船只覆没于此，很多人成了蜈蚣精的口中餐。为此，镇海大王化作一名乞丐，租了条小船到蜈蚣洞口，将预先煨熟的大南瓜丢进蜈蚣精的大口，蜈蚣精被活活烫死，断为头、身、尾三节。这三节随海流分别漂至如今的巫头岛、山心岛和万尾岛，京族三岛村也由此而得名。自此，京族人民生活安康。为纪念镇海大王的恩德，京族人民在三岛上建哈亭供奉镇海大王。

这里每年会举办一次祭拜，流传至今已将近五百年的历史。

京族人民向来喜爱歌唱，而且在京族语言中，“哈”即“歌”，又具有“吃”的含义，因此人们就把这类集祭祀、歌舞娱乐和节日餐饮为一体的节日称为“哈节”。久而久之，这种类似祠堂、举办祭祀和歌舞活动的集会场地，也就被称作“哈亭”了。

（三）风土人情

哈节

哈节是京族最隆重、最热闹的传统节日。各地的哈节日期不尽相同，如万尾是农历六月初九，山心是八月初十，红坎是农历正月十五。

哈节庆祝活动

在哈节到来之前，家家户户打扫整洁，布置一新。到了哈节那天，全村男女老少穿着节日盛装，在哈亭前举行迎神、祭祖、“唱哈”等活动，以祈风调雨顺、粮食丰收、人畜兴旺。整个哈节过程，大致按“迎神”“祭神”“入席”“送神”进行，连续四天四夜。“唱哈”在京语中有唱歌之意，哈节自然少不了唱歌。村中人还会聘请职业歌手“哈妹”来此歌唱及进行其他文娱活动。

“三月三”歌节

“三月三”是壮族的传统歌节，是一年中壮族最隆重的节日。这一天，家家户户做五色糯米饭，即用嫩枫树叶、山枝子、红蓝草、红姜等植物汁浸糯米做成五色饭菜，再杀猪杀羊去祭扫祖坟，欢度节日。歌节一般持续两三天，地点在离村不远的空地上，村民用竹子和布匹搭成歌棚，接待外村歌手。对歌是以未婚的男女青年为主，但老人和小孩都来助兴，人山人海，歌声不断，非常热闹。

保护区管理

（一）突出保护重点，生态保护成效显著

广西北仑河口国家级自然保护区的保护成效明显。保护区有林面积、海草床、滨海过渡带的面积不断增加。保护区内的三大生态系统及相关资源得到有效保护与恢复，在保护生态、保护国土安全方面效果突出。

（二）加强科学研究，管护能力提升

建设了北仑河口生物多样性管理地理信息系统工程、红树林种苗培育场、滨海过渡带植物苗圃、海草床培植生境试验房、陆上红树林生境试验展示点以及鸟类救护站

广西北仑河口国家级自然保护区风光

等。保护区每年对生物多样性和保护区生境进行监测，并与科研院校联合以及独立开展科研项目。

（三）强化生态执法，营造候鸟家园和安全通道

每年有超过 10 万只候鸟迁徙经过或停留在保护区越冬。鸟类记录从原来的 187 种上升到目前的 263 种。保护区每年均开展打击非法围网捕鸟行为专项行动。此外，还对违法采砂、破坏红树林生态等行为进行严厉的查处。

（四）严防红树林虫害，确保红树林种群安全

防治各类红树林虫害，是保护区管理处的一项重要工作。每到害虫适合繁殖的季节，保护区采取人工捕捉、灯光诱捕、喷洒石灰水和生物试剂、胡蜂培养释放试验等方式进行灭虫工作，有效保护了红树林。

（五）积极探索管理模式，强化宣传教育作用

保护区积极探索管理新模式，深入学校、社区、企业开展红树林保护生态科普教育活动。通过电视、广播报纸等媒体对保护区进行了宣传报道。此外，还充分利用各类科普教育展厅，普及红树林生态系统和海洋灾害科普知识。

海南昌江棋子湾国家级海洋公园

HAINAN CHANGJIANG QIZIWAN GUOJIAJI HAIYANG GONGYUAN

一 保护区名片

地理位置	位于昌江黎族自治县的西部海岸，海南岛的最西段，海南西线旅游带的中点，距西线高速路约 60 千米，距海口市约 240 千米，距三亚市约 260 千米
地理坐标	18° 53′ N ~ 19° 30′ N, 108° 38′ E ~ 109° 17′ E
级别	国家级
批建时间	2016 年
面积	17.80 平方千米
保护对象	海蚀地貌、珊瑚礁、峻壁角领海基点
关键词	海上石林
资源数据	40 种底栖生物，包括软体动物 32 种，多毛类 4 种，甲壳类 2 种，棘皮动物和头索类各 1 种；潮间带生物 16 科 21 种；游泳生物 27 科 48 种

二 保护区概况

海南昌江棋子湾国家级海洋公园是 2016 年经国家海洋局批准建立的。公园位于昌江黎族自治县的西部海岸，海南岛的最西段，西起过河园岛，东至海农村南。

海南昌江棋子湾国家级海洋公园内由石、海、滩、珊瑚礁组成，有多种奇特的海蚀地貌，蚀崖、溶沟形成系列天然海蚀景观。这些海蚀景观和珊瑚礁资源不仅具有一定的科学文化价值，而且有很高的美学观赏价值，可供游览观赏、进行科研活动。

该区域植被繁茂，气候宜人，动植物种类繁多，自然生态良好；拥有天然海水浴场，海水水质清澈，沙滩沙质绵软。峻壁角、细眉角、鉴真坐禅、黄帝祭海、神龟探海、大角石林、小角石林、仙人足迹、祭海石、观鱼石、火焰石等惟妙惟肖的奇石景观，为该区域赢得了“海上石林”的美誉。

海南昌江棋子湾国家级海洋公园风光

三 功能分区图

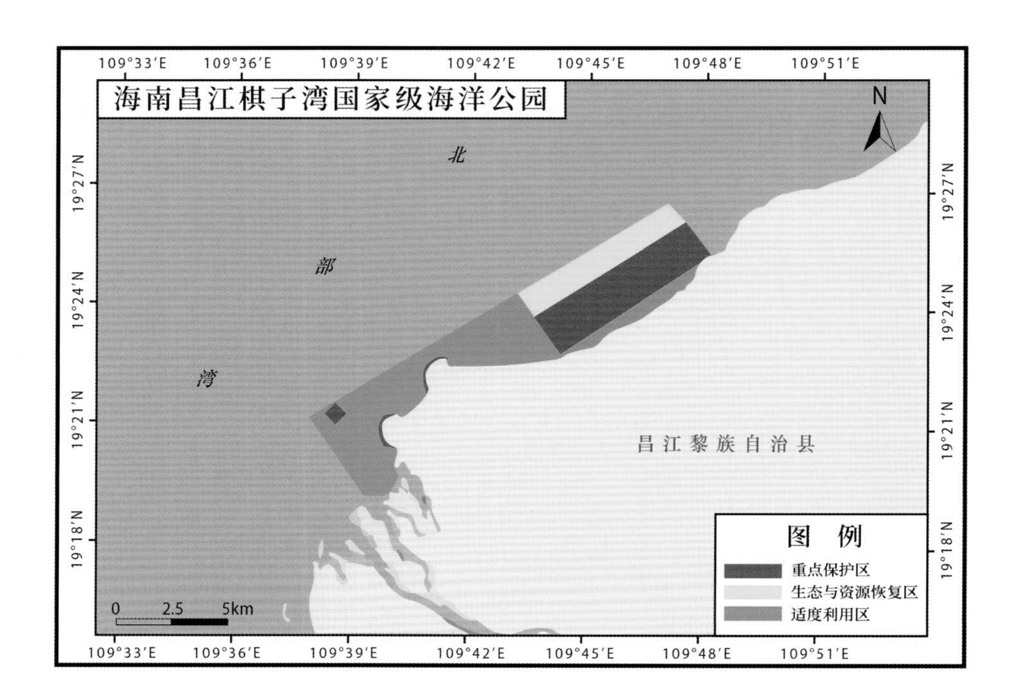

四 代表性资源

（一）动物资源

椰子蟹

学　　名	*Birgus latro*
中文别称	八卦蟹、强盗蟹
分类地位	节肢动物门软甲纲十足目陆寄居蟹科椰子蟹属
自然分布	在我国分布于海南、台湾

椰子蟹

椰子蟹体长可达 16 厘米，头胸部圆形且向前突出，腹部一部分折向头胸部腹面。足粗壮，擅长爬椰子树。双螯十分有力，能轻松剪下椰子，并凿开坚硬的椰子壳享用里面鲜美的果肉。腮腔内壁有多丛血管，可助呼吸，适于陆栖，常爬到椰子树上，故而得名。

椰子蟹最喜欢的食物是椰子，也吃各种水果、坚果、树叶。椰子蟹繁殖季节回到海里，幼体在海中发育成熟后会离开海洋，上岸生活。

坡鹿

坡鹿

学　　名	*Panolia eldii*
中文别称	眉角鹿、泽鹿
分类地位	脊索动物门哺乳纲偶蹄目鹿科鹿属
自然分布	在我国主要分布于海南岛

坡鹿为中型鹿类。外形与梅花鹿相类似，但体形较小，花斑较少，而且颈、躯体和四肢更为细长，显得格外矫健。体长为 150 厘米左右，体重 60 ～ 80 千克。体毛一般为赤褐色到黄褐色，背部颜色较深，背中央由颈部至尾巴的基部有一条纵行的黑褐色脊带纹，带纹两侧各有一行白色斑点，臀部亦有不规则白色斑点。体侧及四肢外侧的体色较淡，腹部和四肢内侧则为灰白色。颜面部及耳朵的背面为黄褐色，耳缘带有黑色，耳内为白色。尾巴的背面为栗棕色，腹面为白色或淡褐色。雄鹿具角，第一眉叉自基部向前侧平伸出，与主干几乎成弯弓形。

坡鹿喜群栖，但长着长长的大角的雄鹿却大多单独行动。通常可以看见坡鹿成双成对或 3 ~ 5 只在一起组成群体，集散于小溪旁或沟谷内的草坡和湿润的田地中。在发情配偶期间，集群现象更为明显，最多时有 12 只左右。觅食活动多在早晨和傍晚，尤其在大雨过后更是活动频繁。坡鹿较为耐旱和耐热，虽然喜欢在有水的草地附近觅食，但尚未发现有进行洗浴或泥浴的现象。

坡鹿的主要食物是青草和嫩树枝叶等，还经常舔食盐碱土，以补充身体所需的盐分等。

坡鹿是一夫多妻制。雌性可以从 2 岁开始持续繁殖，直到 10 岁。坡鹿的发情期为每年初春，妊娠期为 220 ~ 240 天，每年一胎，通常每胎一仔。

（二）植物资源

人心果

人心果

学　名	*Manilkara zapota*
中文别称	吴凤柿、赤铁果、奇果
分类地位	被子植物门双子叶植物纲杜鹃花目山榄科铁线子属
自然分布	在我国主要分布于海南、广东、福建、广西、云南、台湾等地

人心果属乔木，高 15 ～ 20 米，小枝茶褐色，具明显的叶痕。叶互生，密聚于枝顶，革质，长圆形或卵状椭圆形，长 6 ～ 19 厘米，宽 2.5 ～ 4 厘米，先端急尖或钝，基部楔形，两面无毛，具光泽；中脉在上面凹入，下面凸起，侧脉纤细，多且相互平行，网脉极细密，两面均不明显；叶柄长 1.5 ～ 3 厘米。花 1 ～ 2 朵生于枝顶叶腋，花梗密被黄褐色或锈色绒毛，花冠白色。浆果纺锤形、卵形或球形，长 4 厘米以上，褐色，果肉黄褐色，种子扁。花果期 4 ～ 9 月。

人心果喜高温多湿，不耐寒，生长缓慢。土壤以肥沃深厚的砂质为宜，排水、日照需良好。

降香黄檀

降香黄檀

学　　名	*Dalbergia odorifera*
中文别称	降香、花梨、花梨母
分类地位	被子植物门双子叶植物纲豆目豆科黄檀属
自然分布	仅我国产，主要分布于福建、海南、浙江、广东

降香黄檀为乔木，树可达 20 米高，胸径可达 0.8 米。树皮粗糙，为褐色，有纵裂槽纹。小枝细长，有密集的白色小皮孔。圆锥花序腋生，花冠乳白色或淡黄色。荚果舌状长圆形。

降香黄檀生于中海拔有山坡的疏林中、林缘。降香黄檀用途广泛，其木材价值相当高，制成的家具色泽深沉、百年不腐，具有典雅尊贵的气质。而且降香黄檀家具还能散发出清幽木香。

（三）旅游资源

峻壁角

棋子湾南倚昌化岭，海湾和峻壁角（大角、小角）呈 S 形延伸至昌化江入海口，海岸线呈东北 - 西南走向。海湾水面平静，海水清澈见底，海沙细软；海岸奇峰林立，怪石嶙峋多姿，林木苍翠，山花烂漫，清泉欢畅。海浪的淘洗和冲刷留下了棋子篮、恐龙石、狼牙山、观鱼石、怪石群、祭海石（观音石）等奇特的天然海岸地貌景观。

峻壁角附近分布着与科威特、沙特阿拉伯滨海沙漠十分相似的流动、半流动和固定沙丘，被专家称为“热带滨海沙漠”。在这片滨海沙漠上除了人工种植的大片木麻黄防风林外，自然生长着热带海岸特有的沙生植物如仙人掌、野菠萝、海枣等，紫红色的仙人掌果和金黄色的野菠萝果都是最好的解渴珍品。不仅如此，沙生植物还是热带滨海沙漠里一道独特美丽的风景线。

1996 年，中国政府发布关于领海范围的声明，峻壁角为中国领海基点之一。这里奇峰林立、怪石嶙峋，就好像一个个威武的边防战士，极目远望大海，为祖国站岗戍边。

峻壁角领海基点

观鱼石

观鱼石是棋子湾中一块横卧的海石，石下有一条长 10 米、宽 5 米的石槽。槽内水清见底，各色热带小鱼、亮丽斑斓的珊瑚点缀其间，海蟹追逐，小螺爬行于石槽壁上，大小各异贝类自由地开合吸吐海水，构成一幅海底世界的缩影图。

五 历史人文

（一）民间传说

棋子湾传说

相传从前有两位仙人降临棋子湾边，一边享受海景一边下棋，从清晨持续到中午，彼时烈日当空，二仙又渴又饿。当地渔民看到了，拿来鲜鱼、酒肉和茶水为仙人消饥解渴。二仙边吃边下，棋罢，待要重谢渔民时，已不见渔民的踪影。

为感谢渔民的好心肠，仙人把棋子撒到海里，抵挡风浪，造福渔民。从此，棋子湾内海水清湛，奇石秀岩层叠，风平浪静，鱼虾丰盛。“棋子湾”也由此得名。

棋子湾风光

（二）风土人情

黎族船形屋

黎族船形屋

船形屋是黎族的原始民居，因形状如船篷而得名。随着汉族迁徙海南和生产力的提高，黎族的船形屋逐渐发生了变化，由高架变为低架，屋盖斜伸到地。文献记载：“黎人住民，一栋两檐。邻汉人处，则于檐下开门，且编木为墙，涂以泥土，余则两檐垂地，开门两端，岐入屋式，湾拱到地，一如船篷。”随后屋盖起了变化，采用人字顶，茅屋升高。因为海南天气热，人们都喜户外活动，所以在房屋前后爱建廊子，既可作为生产场所，又可作为晚间乘凉的地方。

黎族服饰

黎族服饰

在黎族村落里，仍可以看到一些保留传统样式的黎族服饰，特别是一些上了年纪的妇女，她们的穿着特色更为鲜明。黎族妇女经常扎球形发髻于脑后，插以骨簪或银簪，上衣边沿皆绣花。服饰的款式多变、颜色鲜艳，有对襟与偏襟、直领与圆领、有纽与无纽之别，上衣缀以贝壳、铜线、穿珠等饰品。头巾式样、花色和系法也因地区而别，各有特色。裙子款式别致，绣花织纹，四周缝合成筒状，故被称为筒裙。筒裙有长短之分，长的及脚面，短的齐膝或至大腿中部。

其实，黎族有5个支系，而在黎族服饰表现上，各支系是颇为不同的，因而往往从布料、绣花的图案、裙子的长短上，甚至于纽扣上都可以分出不同的族系。

相对于妇女来说，黎族男子的服饰就显得简朴多了。一般只是以红布或黑布缠头，有如角状和盘状的；上身则是无领对胸无纽麻衣，腰间前后各挂一块麻织饰物。

黎家竹筒饭

黎家竹筒饭又称竹筒香饭，是海南黎族的传统美食之一，是用新鲜竹筒装着大米及调味品烤制的饭食。黎族民间常在山区野外制作或在家里用木炭烤制竹筒饭。竹筒饭通常是用山兰稻（一种旱稻）中的“香米”配肉类为原料，放进新鲜的粉竹或山竹锯成的竹筒中，加适量的水，再用香蕉叶将竹筒口堵严，置于炭火中烤。绿竹渐焦，好闻的竹香便会渐渐溢满屋子，削掉烧焦的竹筒表皮即可食用。

黎家竹筒饭

海南昌江棋子湾国家级海洋公园风光

六 保护区管理

海南昌江棋子湾国家级海洋公园于 2016 年 8 月批准成立后，各项工作陆续开展，已落实管理机构和管理经费，制定有关规章制度，开展海洋公园的勘界和立标工作，加强日常管理，使保护区独特的海蚀地貌资源和珊瑚礁资源得到了切实保护。

海南三亚珊瑚礁国家级自然保护区

HAINAN SANYA SHANHUJIAO GUOJIAJI ZIRAN BAOHUQU

海南三亚珊瑚礁国家级自然保护区风光

一 保护区名片

地理位置	位于海南省三亚市南部近岸海域
地理坐标	18° 10′ 30″ N ~ 18° 15′ 30″ N, 109° 20′ 50″ E ~ 109° 40′ 30″ E
级别	国家级
批建时间	1990 年 9 月
面积	85 平方千米
保护对象	珊瑚礁及其生境：各种浅海造礁石珊瑚、软珊瑚及其他珊瑚、珊瑚礁和其他海洋生物构成的生态系统及海洋生态环境
关键词	海上花园、世外桃源、东方夏威夷
资源数据	造礁珊瑚 14 科 32 属 80 种，鱼类 82 种，浮游藻类 128 种，浮游动物 80 种

二 保护区概况

海南三亚珊瑚礁国家级自然保护区位于三亚市南部近岸海域，于 1990 年 9 月经国务院批准建立，主要由亚龙湾片区、鹿回头半岛—榆林角片区和东、西瑁洲片区 3 部分组成，总面积 85 平方千米，分为核心区、缓冲区、实验区，是以珊瑚礁生态系统及其生物多样性为主要保护对象的海洋自然保护区。

在保护区海域，主要保护对象珊瑚礁生态系统基本维持在健康或亚健康状态。通过 2014 ~ 2015 年开展的珊瑚礁生态资源调查得知，三亚保护区现有造礁珊瑚 14 科 32 属 80 种，其中，西岛、东岛片区 48 种，鹿回头 19 种，大东海 33 种，小东海 20 种，亚龙湾 74 种；鱼类有 82 种，浮游藻类 128 种，浮游动物 80 种。濒危物种有玳瑁、绿海龟和中国鲎。丰富的珊瑚种类和多样的礁栖生物使三亚成为中国热带海洋生态系统中最重要的区域之一。与珊瑚生长最为密切的海水水质各项指标均符合一类海水标准，因此造礁石珊瑚覆盖率也基本趋于稳定和恢复状态。

三 功能分区图

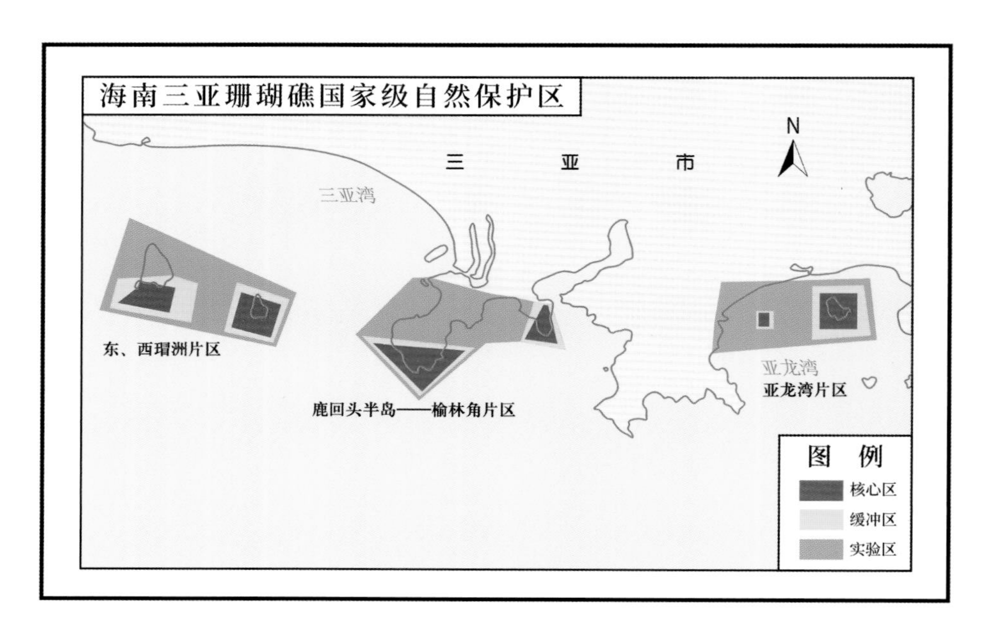

四 代表性资源

（一）动物资源

黄紫舌尾海牛

黄紫舌尾海牛

学　　名	*Goniobranchus aureopurpureus*
中文别称	海牛
分类地位	软体动物门腹足纲裸鳃目多彩海牛科 Goniobranchus 属
自然分布	在我国主要分布于东南沿海

黄紫舌尾海牛身体呈扁平的长椭圆形，体表光滑无突起，外套扩张，边缘呈波状，但腹足后部裸露在外，呈舌状。身体具有鲜艳的色彩，体表底色黄白色，体背中部散布许多黄褐色斑点，中央斑点颜色最深，向周缘逐渐变浅。外套周缘内侧有 1 ～ 2 圈紫红色圆斑，腹面乳白色半透明，无斑点。肛门位于身体背中线后端，周围环列 10 ～ 20 叶单羽状鳃，呈紫红色。嗅角 1 对，褶叶部紫红色，能缩入嗅角鞘内。

黄紫舌尾海牛退潮后栖息于中、低潮区的岩石、沙质底小水沟内，以腹足匍匐爬行;涨潮时能依靠水的表面张力，腹足朝上仰浮于水面随波逐流。

红珊瑚

学　　名	*Corallium rubrum*
中文别称	浓赤珊瑚、撒丁岛珊瑚
分类地位	刺胞动物门珊瑚纲柳珊瑚目 红珊瑚科红珊瑚属
自然分布	在我国主要分布于台湾、海南

红珊瑚

红珊瑚为水螅型的群体动物，骨骼呈树枝状，粉红色至深红色，许多珊瑚虫围绕着中轴骨生长。这些柱状轴高达 20 厘米，直径 3 厘米。珊瑚虫有 8 条羽状触手，通过外胚层分泌碳酸钙骨骼。

红珊瑚生长在水温为 8℃ ~ 20℃的赤道及其附近的热带、亚热带地区，在水深 100 ~ 400 米处较多。常附生于岩石上，在洞穴、岩石缝隙中长得更好。

红珊瑚生长慢，寿命长，从幼虫附着后 10 ～ 12 年才性成熟，每年夏季产卵，其浮浪幼虫是负趋光性。

（二）植物资源

高山榕

高山榕

学　名	*Ficus altissima*
中文别称	马榕、鸡榕、大青树、大叶榕
分类地位	被子植物门双子叶植物纲蔷薇目桑科榕属
自然分布	在我国主要分布于海南、广西、云南、四川等地

高山榕为常绿大乔木，高可达 20 米，树干粗，树冠广展，气根较榕树少，但到达地面后易形成粗大的支柱根。叶厚革质，广卵形至广卵状椭圆形，先端钝，急尖，基部宽楔形，全缘，两面光滑，无毛，基生侧脉延长。花序顶部有被苞片所覆盖的口，为昆虫进入的通道。

瘦果，果皮骨质，包藏于花序托内。每花序托内有瘦果数十至数百粒，每果有种子 1 粒，多数瘪。花托外形近似果，故名隐花果、榕果。花期几近全年。

高山榕喜光，喜高温多湿气候，耐干旱瘠薄，抗风，抗大气污染，生长迅速，移栽容易成活，是优良绿化树种。

叶子花

叶子花

学　名	*Bougainvillea spectabilis*
中文别称	三角梅、九重葛、毛宝巾、簕杜鹃、三角花
分类地位	被子植物门双子叶植物纲石竹目紫茉莉科叶子花属
自然分布	在我国各地均有栽培

三角梅属藤状灌木。枝、叶密生柔毛；刺腋生、下弯。叶片椭圆形或卵形，基部圆形，有柄。花序腋生或顶生；苞片椭圆状卵形，基部圆形至心形，长 2.5 ~ 6.5 厘米，宽 1.5 ~ 4 厘米，深红色或淡紫红色；花被管狭筒形，长 1.6 ~ 2.4 厘米，绿色，密被柔毛，顶端 5 ~ 6 裂，裂片开展，黄色，长 3.5 ~ 5 毫米；雄蕊通常 8 枚；子房具柄。果实长 1 ~ 1.5 厘米，密生毛。花期冬春间。

三角梅性喜温暖气候和阳光充足的环境。不耐寒，耐干旱，耐修剪，喜水但忌积水。我国长江流域及以北地区多在温室盆栽养护。对土壤要求不严，但在肥沃、疏松、排水好的沙质壤土能旺盛生长。

亚龙湾风光

（三）旅游资源

亚龙湾

亚龙湾位于三亚市东郊，距离市中心区约 10 千米。亚龙湾为一个月牙湾，拥有 7 千米长的银白色海滩，沙质相当细腻。这里的海水没有受到污染，洁净透明，远望呈现几种不同的蓝色，水面下珊瑚种类丰富，可清楚观赏珊瑚，多种水下活动包括潜水等成为当地的旅游核心项目。岸上林木郁郁葱葱。冬季这里的气温约 27℃，水温约 20℃，是冬季避寒和休闲度假胜地，号称“东方夏威夷”。该湾的锦母角、亚龙角是攀崖的良好场所。

西瑁洲

西瑁洲又名西岛，形似金字塔，南北长 2 350 米，东西宽 900 米，面积为 2.12 平方千米，是海南岛周围的第二大岛。地势南高北低，山顶海拔 123.3 米，山地约占

全岛陆域面积的 60%。

岛上植物生长茂密，资源丰富。岛周围海水透明度达 10 米以上，水产资源丰富，尤以鲍鱼、龙虾、珍珠贝、水母和热带观赏鱼为最优。岛上村落是海南较古老的海岛渔村之一，至今已有 400 多年的开发历史。

五 历史人文

（一）历史故事

西岛女民兵

西岛女民兵炮班成立于 1959 年，和驻岛官兵不同的是，8 名女兵没有统一的制服，头戴遮阳斗笠，身着红肚兜、蓝灰裤子，脚蹬解放鞋。位于西岛正南 2.9 千米处的“双帆石”是当时女民兵训练的固定靶位之一，牛王岭则是她们的训练场。

西岛女民兵

当时部队主要驻扎在西岛的西南郊，渔民主要居住在东部。整个西岛 2 000 米长的东部海岸线，就是女民兵的哨岗。每天晚上吃过饭，两名女民兵就会扛上步枪，拎起煤油灯，开始在海边巡逻。

1963 年的三八妇女节，西岛女民兵炮班正式被命名为“八姐妹炮班”。

（二）民间传说

亚龙湾传说

在亚龙湾，有一个美丽而又悲伤的传说。相传，古时面临亚龙湾海面的是一片悬崖峭壁，并无沙滩。在峭壁上住着数十户黎族家庭，其中有一名叫阿丽的女子明眸皓齿，貌美如花，她与同村的阿祥情投意合。一日，仙女们下凡游玩，偶见阿丽，被她的美貌惊艳，回到天上后，立马告诉她们的哥哥亚龙。亚龙听完，怦然心动，于是下凡在海边等了一天一夜，终于见到阿丽，就带着阿丽前往深山。不巧这一幕被捕鱼回来的阿祥撞见，但阿祥不知道的是阿丽拒绝了亚龙的求婚。回家之后，阿祥愤怒不已，与阿丽解除婚约。阿丽则因此心灰意冷，一跃入海。此时，海边的悬崖峭壁化为平地，阿丽美丽的身姿化成雪白细腻的沙滩，秀发化为沙滩上的椰子树。亚龙见此，决心下凡守护这片海湾，故这片海湾名为亚龙湾。但也有人更相信亚龙湾的由来是因为古时这片海湾由南海龙王第五个儿子亚龙管辖。

鹿回头传说

鹿回头有一个海南黎族美丽的爱情传说：一位英俊的黎族青年猎手，头束红巾，手持弓箭，从五指山翻越九十九座山，涉过九十九条河，紧紧追赶着一只坡鹿来到南海之滨。前面山崖之下便是无路可走的茫茫大海，那只坡鹿突然停步，站在山崖处回过头来，目光清澈而美丽，凄艳而动情。青年猎手木然放下正准备张弓搭箭的手，忽见火光一闪，烟雾腾空，坡鹿回过头变成一位美丽的黎族少女，两人遂相爱并结为夫妻，定居下来，此山因而被称为“鹿回头”。根据这个美丽爱情传说而建造的海南全岛最高雕塑“鹿回头”已成为三亚的城雕，三亚也因此得名“鹿城”。

鹿回头公园

（三）风土人情

红烧梅花参

梅花参又称凤梨参、海花参，是三亚“三绝”之一。因其鲜活的时候，橙色的背部生满了梅花瓣状的肉刺而得名。

红烧梅花参的主料为梅花参，配料有油菜和百灵菇等。把泡发后的梅花参从中间切成两半，用开水烫透，然后将水控净。经大厨烹饪，配上新鲜的百灵菇，嫩滑鲜甜。装盘时，在盘中摆入一圈已经烹好的油菜，给人以视觉和味觉上的享受。

黎族织锦

黎族织锦一般包括挑花、刺绣、扎染（古称绞缬染）和蜡染等民族工艺。在海南黎族村寨，可以见到黎族妇女的筒裙、上衣、头帽、花带、胸挂、围腰、挂包、龙被和壁挂等织绣艺术品。《后汉书·南蛮西南夷列传》载：“武帝末，珠崖太守会稽孙幸，调广幅布献之，蛮不堪役，遂攻郡杀幸。”在当时，黎族人民穿的贯头上衣，就是用“广幅布”做成。这种布料是黎族妇女利用野生木棉制作而成。

三色饭

三色饭是苗族特色食品，用山兰糯米等制成。一般农历三月三节庆之时，苗寨家家户户制作。三色饭原为五色饭，五色饭为红、黄、蓝、白、黑五色，皆用独特的植物汁液作为天然色素拌在山兰糯米中，放在特制的木蒸笼中蒸成。五色饭色彩鲜艳，清香可口，是开胃去火的清凉食品。如今五色饭已改为三色饭，有红、黄、黑三色，分别取色于新鲜红葵、黄姜和三角枫汁液。

保护区管理

三亚珊瑚礁国家级自然保护区是我国第一批国家级海洋生态类型的珊瑚礁保护区之一。海南三亚国家级珊瑚礁自然保护区管理处为保护区的管理机构，负责本保护区的保护、建设与管理工作。设有综合科、建设管理科、监察科和项目办等科室，下设亚龙湾珊瑚礁保护站、大东海珊瑚礁保护站、鹿回头珊瑚礁保护站和东、西瑁洲珊瑚礁保护站，并设有供公众生态教育的珊瑚礁标本展览馆和供科学研究的珊瑚礁生态修复基地，配有较全的执法管理、宣教、科研设施及装备等。

海南万宁老爷海国家级海洋公园

HAINAN WANNING LAOYEHAI GUOJIAJI HAIYANG GONGYUAN

海南万宁老爷海国家级海洋公园风光

一 保护区名片

地理位置	位于万宁市南部
地理坐标	核心区 18° 08′ N, 110° 39′ E
级别	国家级
批建时间	2016 年 8 月
面积	11.21 平方千米
保护对象	典型的潟湖生态系统及其多样性，脆弱的红树林和海草床生态系统，保护珍稀、濒危生物的重要栖息地和活动区域
关键词	万宁第二大潟湖、一条海、中国冲浪之都

二 保护区概况

海南万宁老爷海国家级海洋公园于 2016 年 8 月批准建立。公园位于万宁市南部，总面积 11.21 平方千米，包含岸线约 34.635 千米。海洋公园的重点保护区面积为 4.49

平方千米，占总面积的 40%。适度利用区面积为 5.809 平方千米，占总面积的 52%。生态与资源恢复区面积 0.907 7 平方千米，占总面积 8%。

海南万宁老爷海国家级海洋公园周围海域不仅是完整的热带潟湖生态系统，还是我国典型的生物多样性海域，体现在物种多样性和生境多样性。这里的海域生物群落丰富，多样性高，主要包括红树林、海草床、浮游藻类群落、浮游动物群落、底栖生物群落等，是我国热带近海海域生态系统极具代表性的海域，具有特殊的海底地质和水文环境，完整的近海海洋生态系统，丰富的水产资源，具备生物资源保护的特殊性。

三 功能分区图

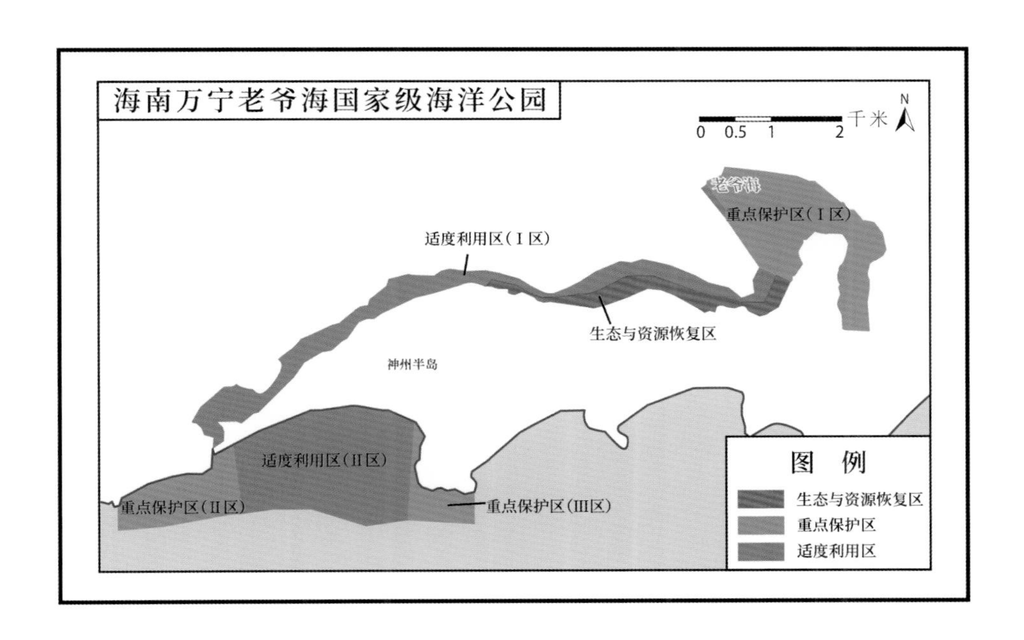

四 代表性资源

（一）动物资源

三线闭壳龟

三线闭壳龟

学　名	*Cuora trifasciata*
中文别称	金钱龟、红肚龟、川字背龟、红边龟、三线龟
分类地位	爬行纲龟鳖目龟科
自然分布	在我国主要分布于广东、广西、福建、海南、香港、澳门等地

三线闭壳龟头部光滑无鳞，头背部蜡黄色，鼓膜圆而明显。颈角板狭长，椎角板第一块呈五角形，第五块呈扇形，余下 3 块皆呈三角形，肋角板每侧各 4 块，缘角板每侧各 11 块。背甲长椭圆形，棕色，具有 3 条明显的黑色隆起，中间的隆起最长且突出，故又被称为川字背龟。腹甲为黑色，其边缘的角板镶以黄色。背甲与腹甲两侧以韧带相连，板（腹甲）为横断，腹甲在胸、腹角板间亦以横贯的韧带相连，故也称断板龟。指和趾间具蹼，尾短而尖。

雌龟的背甲宽，尾细且短，尾基部细，肛门距腹甲后缘较近，腹甲的 2 块肛盾形成的缺刻较浅。通常，雌性个体比雄性大。雄性的龟背甲窄，尾粗且长，尾基部粗，肛门距腹甲后缘较远，腹甲的 2 块肛盾形成的缺刻较深。野生的三线闭壳龟背甲的每块盾片上有清晰、密集的同心环纹，称为生长年轮，每一条环纹代表一年。而人工饲养龟的同心环纹却较模糊、稀疏，不易辨认。

三线闭壳龟栖息于山区溪水地带的石穴或泥穴中，喜群居，通常三两只同居一穴。每年 11 月至翌年 3 月（温度低于 15℃时）进入冬眠期，期间居于洞穴，停食不动，待 4 月才开始外出捕食、活动。三线闭壳龟的食性广，常捕食鱼、虾、螺、蝌蚪等水生生物，有时也摄食蚯蚓、蜗牛及植物嫩茎叶等。三线闭壳龟生长速度缓慢，每年仅增重 100 克左右。但在夏秋旺食时期，若饲料充足且营养价值高，一个月就可增重 20 克以上。

三线闭壳龟一般 5 龄达到性成熟，秋季交配，翌年夏季产卵。雌龟在产卵前会先选择场所，以土质松软的浅滩或草根下为佳。在其附近挖土成穴，产卵其中，再用沙土盖穴，离开前将其压实。自然条件下，三线闭壳龟受精卵的孵化受气候、光照等众多因素影响，可以说“生死在天”，因而孵化率较低。

墨吉对虾

墨吉对虾

学　　名	*Penaeus merguiensis*
中文别称	大虾、明虾、大白虾
分类地位	节肢动物门软甲纲十足目对虾科对虾属
自然分布	在我国主要分布于广东、海南等地

墨吉对虾体表散布棕色小斑点，死后呈白色，尾节后半部青绿色。额角平直尖窄，基部背脊很高，侧面观呈三角形，具有 6 ~ 9 枚额上齿及 4 ~ 5 枚额下齿。第一触角上鞭短于头胸甲。各步足均具外肢，第 5 对步足外肢较小。尾节末端尖，但侧缘不具刺。

墨吉对虾一般栖息沿岸近海的沙质或泥质底。成虾生活的水深范围在 10 ~ 15 米，仔虾、幼虾则生活在更浅的浅滩或河口区。随着生长发育，仔虾、幼虾逐步向较深的海区移动。

（二）植物资源

波罗蜜

波罗蜜

学　名	*Artocarpus heterophyllus*
中文别称	木菠萝、树菠萝、牛肚子果
分类地位	被子植物门双子叶植物纲蔷薇目桑科波罗蜜属
自然分布	在我国主要分布于广东、广西、海南、云南等地

波罗蜜属常绿乔木，高 10 ~ 20 米，胸径达 50 厘米；老树常有板状根；树皮厚，黑褐色；托叶抱茎环状，遗痕明显。叶革质，螺旋状排列，椭圆形或倒卵形。花雌雄同株。花序生老茎或短枝上，雄花序有时着生于枝端叶腋或短枝叶腋，圆柱形或棒状椭圆形。聚花果椭圆形至球形，或不规则形状，长 30 ~ 100 厘米，直径 25 ~ 50 厘米，幼时浅黄色，成熟时黄褐色，表面有坚硬六角形瘤状凸体和粗毛。核果长椭圆形，长约 3 厘米，直径 1.5 ~ 2 厘米。花期 2 ~ 3 月。

波罗蜜喜热带气候，适生于无霜冻、雨量充沛的地区。喜光，生长迅速，幼时稍耐荫，喜深厚肥沃土壤，忌积水。

海南粗榧

海南粗榧

学　　名	*Cephalotaxus hainanensis*
中文别称	薄叶篦子杉、红壳松
分类地位	裸子植物门松柏纲三尖杉目三尖杉科三尖杉属
自然分布	在我国主要分布于海南、广西、云南等地

海南粗榧属常绿乔木，树干通直，高约8米，树皮通常浅褐色或褐色。叶排成两列，披针状条形，通常直，上面深绿色，下面有两条白色气孔带。雌雄异株，偶有同株；雄球花6～8朵聚生，圆球状，腋生；雌球花具长梗，生于小枝基部苞腋。种子簇生于梗端，翌年成熟，下垂，全部包于肉质假种皮中，倒卵状椭圆形、椭圆形或倒卵圆卵形，微扁，长约3厘米，顶端有突尖，成熟时假种皮常呈红色。

海南粗榧主要分布于热带与南亚热带山区，散生于海拔700～1 200米山地雨林或季雨林区的沟谷或山坡，适应于山地黄壤。海南粗榧生长快，大树萌芽力强。因天然授粉率低，结果也少，且易遭鸟兽为害，故难获得种子。加之近年来滥砍滥伐情况严峻，海南粗榧数目骤减，成为濒危物种。

洲仔岛风光

（三）旅游资源

洲仔岛

洲仔岛在海南省万宁市南部海上，距陆地约 3 千米。岛屿面积约 0.6 平方千米。在万宁市的 5 个海岛中，它的面积也仅次于大洲岛，与大洲岛相距仅 8 海里，所以称它洲仔岛。岛屿呈东西走向，长条形，两峰相峙，形似一马鞍，从神州半岛远眺如同卧海水牛。洲仔岛沙滩柔软，海水清澈可见底。水中多珊瑚，珊瑚五颜六色。岛上多圆石，奇形怪状。岛峰北面可看海湾风光，东面可远眺浩渺太平洋。

神州半岛

万宁神州半岛位于东澳镇，南濒南海，北临东澳港，东依牛庙岭，西靠老爷海，三面环海，东西长 8.75 千米，南北宽 2.75 千米，总面积 24 平方千米。牛庙岭上有猴子洞、瀑布洞、江后庙、皇帝殿，岭下有成片的平坦沃野、美丽的海湾、神奇的山谷。在海湾里有一石岛，离海岸百米左右，面积不到 300 平方米，由一堆大石叠成，大石状似公鸡、乌龟、戏台等。特别是戏台石，石近方形，有 200 平方米，可容纳数百人。

五 历史人文

（一）民间传说

老爷海传说

老爷海得名的背后，藏着一个有趣的故事。传说，原来在此海域捕鱼的人主要来自周边的龙保村、新村、龙山村、东澳村等。村民到海湾捕鱼时，经常会因为海区的归属、撒网的先后、撒网的深浅等问题产生矛盾，发生纠纷，甚至引发械斗。有一次，村民们又发生冲突，将官司打到了州府衙门。州府的知州官老爷传来各方人等对簿公堂。听罢各自的陈述后，官老爷觉得双方说得都在理。他们之所以发生冲突，实际是海域归属不清所致。倘若将其归属划清，便可以从根本上断其长争之源。在经过一番权衡后，这位官老爷眉头一皱，绷着脸严肃地说："这海湾不是你们龙保村和新村的，也不是你们龙山村和东澳村的，是我们万州的。州县里是本官老爷做主，所以是我老爷的，是老爷海。老爷海由本官老爷来安排。你们各方人等听好，以后到海湾捕鱼，龙山村和东澳村的村民可以也只能用一些简易的捕鱼工具，在你们的近岸浅水处抓点小鱼虾、摸点螺蚌来当菜肴，不能造船织网到水深处捕大鱼。因为你们有田有地，要以农为本，勉力耕种。龙保村和新村的村民，没田没地，以渔为主，可以在近岸浅水边捕鱼，也可到深水处撒网。日后，各方要各守基本，各得其所，互无逾越，互无侵扰。倘有违者，本老爷将严惩不贷，决不姑息！"

这位官老爷的判决，让争执双方的纠纷得到解决。于是，人们便将此海湾称为"老爷海"。海湾周边的村庄还流传着歌颂这位官老爷的歌谣："老爷海，老爷海，不上租，不上税，捕鱼市价老爷买。倡廉清风人人爱，为民办事不贪财。"

（二）风土人情

老爷海咸水鸭

老爷海咸水鸭，是自小放养在老爷海入海口滩涂处的白鸭，从小吃鱼、虾、蟹长大，养足120天方可上市。色泽红润，口感好，肉细嫩，脂肪少，其他地方则很难吃到这种原生态的咸水鸭。

和乐蟹

和乐蟹产于海南万宁和乐镇，以甲壳坚硬、肉肥膏满著称，与文昌鸡、加积鸭、东山羊并列为海南四大名产。和乐蟹的烹调法多种多样，蒸、煮、炒、烤，均具特色，尤以清蒸为佳，既保持原味之鲜，又兼原色形之美。此菜主要突出和乐蟹原汁原味，其蟹肉鲜嫩，膏黄似咸蛋黄，佐以姜、醋等料而食，味极鲜美，且富营养。

保护区管理

保护区管理机构主要工作如下：① 负责规范适度利用区内的海洋开发活动，保障海洋公园的生态安全和可持续利用；② 负责管护生态保护区内的海洋环境质量、优质沙滩岸线和优美海滨景观，恢复珍贵的海草床资源等；③ 负责海洋公园的资源环境保护修复、环境质量监测以及公园内日常巡护执法等日常管理。

海南万宁大洲岛国家级海洋生态自然保护区

HAINAN WANNING DAZHOUDAO GUOJIAJI HAIYANG SHENGTAI ZIRAN BAOHUQU

保护区名片

地理位置	位于海南省东部沿海，万宁市境内，东澳镇东南方向约 5.56 千米
地理坐标	18° 38.08′ N ~ 18° 41.04′ N, 110° 27′ E ~ 110° 31′ E
级别	国家级
批建时间	1990 年 9 月
面积	70 平方千米
保护对象	海岛生态，金丝燕及其生态环境，岛屿周围海域的重要海洋生态系统
关键词	燕窝岛、南海明珠、华夏神岛
资源数据	海南省特有植物 31 种；两栖动物 6 种，隶属 1 目 4 科；鸟类 94 种，隶属 11 目 31 科；哺乳动物 9 种，隶属 2 目 5 科

保护区概况

海南万宁大洲岛海洋生态国家级自然保护区于 1990 年 9 月 30 日经国务院批准建立。大洲岛保护区位于海南省东部沿海，万宁市境内。该岛呈葫芦形，为海南省最大的岛屿。保护区总面积为 70 平方千米，包括岛屿陆域面积为 4.2 平方千米，海域面积为 65.8 平方千米。

栖息于大洲岛的金丝燕是戈氏金丝燕的一个新的地理亚种。该亚种是目前世界上能做白色可食燕窝的金丝燕分布最北的珍稀鸟类，分布范围非常狭小，在鸟类区系分类和生物物种多样性的保护和研究中具有重要意义。

大洲岛具有丰富的植物种类和较高的种分布密度，尤其是海南省特有植物种类较多，达 31 种。国家或省重点保护的珍稀濒危植物有海南苏铁、台湾苏铁、海南龙血树、

海南万宁大洲岛国家级海洋生态自然保护区风光

海南大风子、野龙眼、野荔枝、毛茶、竹节树和猪笼草 9 个种，猪笼草和竹节树为新规定的海南重点保护植物。

大洲岛自然保护区共有两栖动物 6 种，隶属 1 目 4 科。其中，蟾蜍科、树蛙科各 1 种，蛙科和姬蛙科各 2 种。大洲岛自然保护区海岛上共有陆栖爬行动物 12 种，隶属 2 目 5 科。有海南省重点保护爬行动物 2 种，即舟山眼镜蛇和蜡皮蜥。大洲岛自然保护区共有鸟类 94 种，隶属 11 目 31 科。其中国家二级重点保护野生动物 11 种。大洲岛自然保护区共有哺乳动物 9 种，隶属 2 目 5 科。

大洲岛海域水质优良，珊瑚覆盖度高，珊瑚礁生物多样性较高。

三 功能分区图

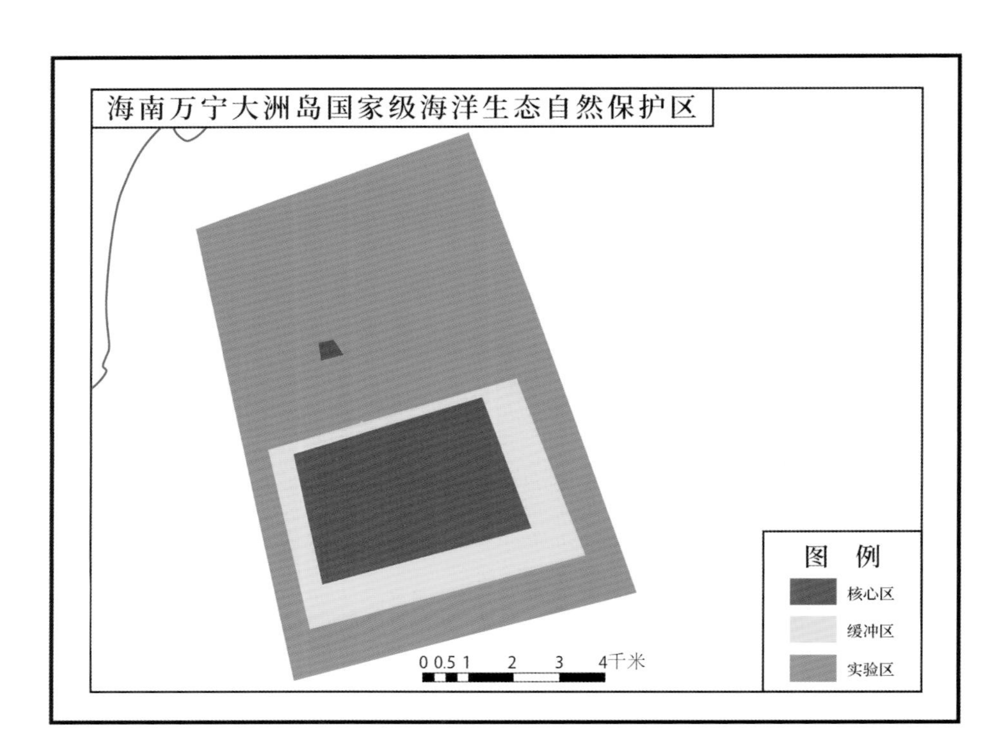

四 代表性资源

（一）动物资源

戈氏金丝燕

戈氏金丝燕

学　名	*Aerodramus germani*
中文别称	淡腰金丝燕
分类地位	脊索动物门鸟纲雨燕目雨燕科金丝燕属
自然分布	在我国主要分布于海南南部

戈氏金丝燕体形纤小，体长约 12 厘米，尾略呈叉形。上体黑色，腰灰白、色淡，而尾部色深，下体灰褐色，腹部具浅色横斑。虹膜深褐色，嘴黑色，脚紫红色。

戈氏金丝燕主要以昆虫为食，繁殖于海滨岩崖裂缝，用淡黄色透明唾液筑巢，巢约 6 厘米宽，1.5 厘米深。戈氏金丝燕通常一次产 2 枚卵。它们常在繁殖地附近鸣叫，鸣叫声调较高，能以声波定位。

戈氏金丝燕的种群数量稀少。在我国海南大洲岛上分布的是其一亚种 A. g. germani，这一亚种的腰部颜色更淡。之前的调查只在大洲岛发现 200 多个巢，可能在南海的一些岛屿上也有戈氏金丝燕分布。

蜡皮蜥

蜡皮蜥

学　名	*Leiolepis reevesii*
中文别称	山马
分类地位	脊索动物门爬行纲有鳞目鬣蜥科蜡皮蜥属
自然分布	在我国主要分布于广东、澳门、海南、广西等地

蜡皮蜥体形较大，头体长 150 毫米左右，尾长约为头体长的 2 倍。背腹略扁平，不具鬣鳞。躯干及四肢背面灰褐色，雄性密布鲜明的橘黄色或橘红色镶黑圈的眼斑，雌性不明显。在体侧具深浅相间的不规则横纹，雌性腹面灰白色，雄性乳黄色。四肢强壮，爪发达。尾圆柱状，末端如鞭，基部宽扁。每侧有股孔 13 ～ 18 个。

蜡皮蜥穴居于沿海沙岸地带，在略有坡度的地方掘穴而居，洞口扁圆形，穴道深1 米左右，常雌雄同穴。蜡皮蜥的洞穴在距洞口约50厘米处有分叉，一道通往栖息地，一道为逃生通道，通往地面。白天气温适宜时，出洞活动觅食，一遇惊扰，立即窜入洞中。

（二）植物资源

海南苏铁

海南苏铁

学　名	*Cycas hainanensis*
中文别称	枝花苏铁、刺柄苏铁
分类地位	裸子植物门苏铁纲苏铁目苏铁科苏铁属
自然分布	在我国主要分布于海南，为我国特有种

海南苏铁茎干高达2.5米，干皮自上而下由黑灰色变为灰白色。叶40 ~ 70片，一回羽裂，长1 ~ 2.2米，宽30 ~ 50厘米；叶柄长30 ~ 70厘米，具刺50 ~ 80对，基部的刺较密；羽片革质，长15 ~ 30厘米，基部下延，边缘平或微反曲，中脉鲜时两面隆起，干时下面近平。小孢子叶楔形，长3厘米，宽2厘米，先端具短尖头。大孢子叶长14 ~ 20厘米，不育顶片疏被绒毛，绿色，宽卵形，篦齿状半裂，裂片钻状，顶生裂片常扁化成长圆形或三角状卵形，边缘常具少数齿裂。雌雄异株，雄球花圆柱形，雌球花阔卵形、绿色。种子2 ~ 4枚，淡黄色，倒卵状或近球状，长3.5 ~ 4.5厘米，

中种皮具细疣状突起。孢子叶球期 3 ~ 5 月，种子 9 ~ 10 月成熟。

海南苏铁多生长于海拔 100 ~ 800 米的热带雨林，为我国特有种。生长环境退化和大量非法盗挖等已严重威胁海南苏铁的生存。

海南龙血树

海南龙血树

学　名	*Dracaena cambodiana*
中文别称	柬埔寨龙血树、云南龙血树、山海带
分类地位	被子植物门单子叶植物纲天门冬目天门冬科龙血树属
自然分布	在我国主要分布于海南、广西、云南

海南龙血树乔木状，高在 3 ~ 4 米，茎不分枝或分枝，树皮带灰褐色，幼枝有密环状叶痕。叶聚生于茎、枝顶端，几乎互相套叠，剑形，薄革质，长达 70 厘米，宽 1.5 ~ 3 厘米，向基部略变窄而后扩大，无柄。圆锥花序长 30 厘米以上；花序轴无毛或近无毛；花 3 ~ 7 朵簇生，绿白色或淡黄色；花梗长 5 ~ 7 毫米，关节位于上部 1/3 处；花被片长 6 ~ 7 毫米，下部 1/5 ~ 1/4 合生成短筒；花丝扁平，宽约 0.5 毫米，无红棕色疣点；花药长约 1.2 毫米；花柱稍短于子房。浆果直径约 1 厘米。花期 7 月。

海南龙血树生于林中或干燥沙壤土上。茎干上的树皮如被割破，会分泌像血液一样深红色的黏液，俗称“龙血”或“血竭”，是一种名贵的南药。

海南大风子

海南大风子

学　　名	*Hydnocarpus hainanensis*
中文别称	海南麻风树、乌壳子、高根、龙角
分类地位	被子植物门双子叶植物纲金虎尾目青钟麻科大风子属
自然分布	在我国主要分布于海南、广西

海南大风子属常绿乔木，高达 15 米，胸径达 50 厘米；树皮暗灰带绿色，平滑；大枝平展；小枝向上斜伸，无毛。叶互生，薄革质，长圆形。雌雄异株，总状花序腋生或顶生。雄花密集，萼片 4 枚，椭圆形，花瓣 4 枚，肾状卵形，边缘有睫毛；雌花的花被与雄花相似而略大。浆果球形，直径 4 ~ 6 厘米，果皮革质，密被黑褐色茸毛；种子约 20 枚，长约 1.5 厘米。

海南大风子多生于低山丘陵地区，喜褐色棕红壤或山地红壤，在石灰岩地区也能正常生长。花期 4 ~ 5 月，果期 8 ~ 10 月。

（三）旅游资源

燕窝岛

燕窝岛即大洲岛的别称，是一个赏海观山的旅游处女地，岛上两峰对峙相望似“峙峰倒影山浮水”的幻景，山间微风鼓浪如“碧水泻玉，银练抛空”，明媚的风光让人大饱眼福。登高观日出、望日落、赏云海，看峻峭的石崖，眺大海的秀色，下海游泳、冲浪、钓鱼、抓虾、捉蟹，尽情领略海岛的恩赐。

燕窝岛风光

五 历史人文

（一）民间传说

宾王红龙传说

相传，万宁市有两条龙，一条是出自万城镇西门社区的西门青龙，另一条是出自万城镇宾王村的宾王红龙。西门青龙为龙母，宾王红龙为龙公，两条龙一雌一雄，一青一红。无论是关于青龙还是红龙，都承载着万宁人对龙的崇拜与敬重。

关于宾王红龙有个传说。很久以前，宾王村连年干旱，村民建坛求雨，忽见南海上云雾翻腾，一条红龙跃出海面，乘祥云直奔滇池，在那里捕玉蚌、取珍珠，返回万宁后降雨救灾，并把珍珠献给人间，得红珠者高中状元，得白珠者富贵荣身。在万宁，有这样一副对联：吸南海碧波呈瑞气，捕滇池宝珠献人间。此后村民以龙为吉祥物开展民间文艺活动，久而久之，舞龙也便成了万宁的习俗。

（二）风土人情

敬献槟榔

海南省是中国槟榔的主要产区，而万宁市是海南省的槟榔主要产区。

根据古书记载，海南一带槟榔待客的风俗，古来有之。宋代《岭外代答》一书写道："客至不设茶，惟以槟榔为礼。"古往今来，海南人把槟榔作为上等礼品，认为"亲客来往非槟榔不为礼"。海南人种槟榔、吃槟榔

槟榔

的风俗历史悠久。万宁人依然把槟榔作为美好友谊的象征。客人登门，主人首先捧出槟榔招待，即使不会嚼槟榔，客人也得吃上一口表示回敬。如今万宁人平时访亲探友也要买上槟榔当作“甜路”，特别是逢年过节，家家户户都要备有槟榔，以敬拜年长的贵客亲朋。槟榔还是青年爱情的象征，小伙子一旦看中哪一位姑娘，就先向女方家赠送槟榔（俗称“放槟榔”）表示求婚之意，如果女方收下，就表示定了婚约。举行婚礼时，新郎、新娘都要给登门贺喜的亲朋敬献槟榔，以表敬意。

万宁八宝饭

万宁八宝饭久负盛名，被称为“饭中之饭”。万宁八宝饭造型美观，色泽艳丽，软糯黏滑，甜筋油润，味道香甜，油汁芳香，绵而不腻，别具一格，是家庭团聚、婚嫁喜宴上必不可少的一道主食。万宁八宝饭寄托了人们对婚姻和谐、早生贵子、家庭团圆、甜甜蜜蜜、吉祥顺利、平安长寿、万事吉利的美好祝愿。

香煎马鲛

马鲛，海南俗称“黑鱼”，以海南万宁港北—乌场—大洲岛一带及文昌铺前沿海一带所产最为著名。这里盛产的康氏马鲛，做成香煎马鲛别具风味。在万宁，人们这样评价香煎马鲛：“一块马鲛鱼，一锅稀饭，还有萝卜干，全家尽享大美餐。”

香煎马鲛

六 保护区管理

（一）日常巡查巡护情况

保护区设立了管理机构，制定了相应的管理制度，建立了管护队伍，配备了巡护设施，在宣传教育与培训、巡航监管与执法、生态调查与监测、科研交流与合作等保护区建设和管理方面做了大量工作。岛上设立驻岛保护站，进行全天候值守，加强日常巡查巡护。

（二）违建物整治工作

按照省厅的统一部署，组成联合工作组于 2015 年开始对大洲岛保护区内违规活动进行查处，启动了大洲岛生态修复整治工程，由万宁市政府牵头组织对岛上违规搭建的棚户进行拆除。

（三）整治及修复项目工程

项目的主要内容为：设置大洲岛珊瑚海草修复与养护区，建立海岛生态资源监控管理数字化平台，对现有的棚户区进行环境综合整治，修建供水和供电系统工程，改建大洲岛保护站，对大洲岛部分区域进行植被绿化，改建驳船码头。

海南万宁大洲岛国家级海洋生态自然保护区风光

附 录
FU LU

附录一　海洋自然保护区管理办法

第一条　为加强海洋自然保护区的建设和管理，根据《中华人民共和国自然保护区条例》的规定，制定本管理办法。

第二条　海洋自然保护区是指以海洋自然环境和资源保护为目的，依法把包括保护对象在内的一定面积的海岸、河口、岛屿、湿地或海域划分出来，进行特殊保护和管理的区域。

第三条　任何单位和个人都有保护海洋自然保护区的义务与制止、检举危害海洋自然保护区行为的权利。

第四条　海洋自然保护区的选划、建设和管理，实行统一规划、分工负责、分级管理的原则。

第五条　国家海洋行政主管部门负责研究、制定全国海洋自然保护区规划；审查国家级海洋自然保护区建区方案和报告；审批国家级海洋自然保护区总体建设规划；统一管理全国海洋自然保护区工作。

沿海省、自治区、直辖市海洋管理部门负责研究制定本行政区域毗邻海域内海洋自然保护区规划；提出国家级海洋自然保护区选划建议；主管本行政区域毗邻海域内海洋自然保护区选划、建设、管理工作。

第六条　凡具备下列条件之一的，应当建立海洋自然保护区：

1. 典型海洋生态系统所在区域；

2. 高度丰富的海洋生物多样性区域或珍稀、濒危海洋生物物种集中分布区域；

3. 具有重大科学文化价值的海洋自然遗迹所在区域；

4. 具有特殊保护价值的海域、海岸、岛屿、湿地；

5. 其他需要加以保护的区域。

第七条　海洋自然保护区分国家级和地方级。

国家级海洋自然保护区是指在国内、国际有重大影响，具有重大科学研究和保护价值，经国务院批准而建立的海洋自然保护区。地方级海洋自然保护区是指在当地有较大的影响，具有重要科学研究价值和一定的保护价值，经沿海省、自治区、直辖市人民政府批准而建立的海洋自然保护区。

第八条　沿海省、自治区、直辖市海洋管理部门申请建立国家级海洋自然保护区时，应向国家海洋行政主管部门提交已经同级人民政府批准的建区申报书及技术论证材料。

国家海洋行政主管部门可向国务院提出建立国家级海洋自然保护区的建议。

国务院有关主管部门也可会同国家海洋行政主管部门提出建立国家级海洋自然保护区的建议。

国家海洋行政主管部门聘请各有关保密代表和专家组成海洋自然保护区评审委员会，负责国家级海洋自然保护区申报书及技术论证材料评审工作。申报材料经评审委员会全体委员半数以上同意后，由国家海洋行政主管部门按规定程序报国务院审批。

第九条　地方级海洋自然保护区建区由沿海省、自治区、直辖市海洋管理部门或同级有关部门会同海洋管理部门提出，经沿海省、自治区、直辖市海洋管理部门组织论证审查后，报同级人民政府批准，并报国家海洋行政主管部门备案。

第十条：海洋自然保护区的位置和范围由批准建立该保护区的人民政府划定。其具体位置和范围应标绘于图，公布于众，并设置适当的界碑、标志物及有关保护设施。

第十一条　海洋自然保护区的撤销、调整和变化，应经原审批机关批准。

第十二条　经批准建立的海洋自然保护区须设立相应的管理机构，配备专业技术人员。主要职责如下：

1. 贯彻执行国家有关海洋自然保护区的法律、法规和方针、政策；

2. 制定保护区具体管理办法和规章制度，统一管理该区内的各项活动；

3. 拟定保护区总体建设规划；

4. 设置保护区界碑、标志物及有关保护设施；

5. 组织开展保护区内基础调查和经常性监测、监视工作；

6. 组织开展保护区内生态环境恢复和科学研究工作：

7. 开展海洋自然保护区宣传教育工作。

根据不同的保护对象规定绝对保护期和相对保护期。

核心区内，除经沿海省、自治区、直辖市海洋管理部门批准进行的调查观测和科学研究活动外，禁止其他一切可能对保护区造成危害或不良影响的活动。

缓冲区内，在保护对象不遭人为破坏和污染前提下，经该保护区管理机构批准，可在限定的时间和范围内适当进行渔业生产、旅游观光、科学研究、教学实习等活动。

实验区内，在该保护区管理机构统一规划和指导下，有计划地进行适度开发活动。

绝对保护期即根据保护对象生活习性规定的一定时期，保护区内禁止从事任何损害保护对象的活动；经该保护区管理机构批准，可适当进行科学研究、教学实习活动。

相对保护期即绝对保护期以外的时间，保护区内可从事不捕捉、损害保护对象的其他活动。

第十四条　海洋自然保护区内的单位、居民和进入该保护区的外来人员及船只，必须遵守海洋自然保护区的各项规章制度，接受海洋自然保护区管理机构的管理。

第十五条　在海洋自然保护区内禁止下列活动和行为：

1. 擅自移动、搬迁或破坏界碑、标志物及保护设施；

2. 非法捕捞、采集海洋生物；

3. 非法采石、挖沙、开采矿藏：

4. 其他任何有损保护对象及自然环境和资源的行为。

第十六条　海洋自然保护区内修筑设施。对海洋自然保护区内的违章建筑，国家海洋行政主管部门或沿海省、自治区、直辖市海洋管理部门可责令拆除或恢复原状。

第十七条　在海洋自然保护区内从事科学研究、教学实习、考察等活动，应事先向该区管理机构提交申请和活动计划，经批准后方可进行。

第十八条　有条件开展旅游活动的海洋自然保护区，其活动区域和开发规划应经国家海洋行政主管部门或沿海省、自治区、直辖市海洋管理部门批准，旅游业务由海洋自然保护区管理机构统一管理，所得收入用于保护区的建设和保护事业。开展旅游活动必须采取有效措施，防止损害保护对象。

严禁开展与保护区方向不一致的旅游项目。

第十九条　任何单位与国外签署涉及国家级海洋自然保护区的协议，以及外国人到上述保护区内从事有关活动，须先报国家海洋行政主管部门批准。涉及地方级海洋自然保护区的，须经沿海省、自治区、直辖市海洋管理部门批准。

第二十条　违反本办法有关规定者，国家海洋行政主管部门或沿海省、自治区、直辖市海洋管理部门及海洋自然保护区管理机构可依据《中华人民共和国自然保护区条例》第三十四条、第三十五条、第三十八条有关规定予以处理。

第二十一条　本办法由国家海洋行政主管部门负责解释。

第二十二条　海洋自然保护区管理机构可根据本办法制定具体管理细则。

第二十三条　本办法自发布之日起施行。

附录二　海洋特别保护区管理办法

第一章　总则

第一条　为了保护和恢复特定海洋区域的生态系统及其功能，科学、合理利用海洋资源，促进海洋经济与社会的持续发展，根据《中华人民共和国海洋环境保护法》《中华人民共和国海岛保护法》和国务院“三定”规定，制定本办法。

第二条　本办法所称海洋特别保护区，是指具有特殊地理条件、生态系统、生物与非生物资源及海洋开发利用特殊要求，需要采取有效的保护措施和科学的开发方式进行特殊管理的区域。

第三条　中华人民共和国内水、领海、毗连区、专属经济区、大陆架以及中华人民共和国管辖的其他海域和海岛建立、建设、管理海洋特别保护区，适用本办法。

第四条　国家对海洋特别保护区实行科学规划、统一管理、保护优先、适度利用的原则。海洋特别保护区应当采取科学、合理、有效的措施，保护和恢复海洋生态，维护海洋权益，利用海洋资源。

第五条　国家海洋局负责全国海洋特别保护区的监督管理，会同沿海省、自治区、直辖市人民政府和国务院有关部门制定国家级海洋特别保护区建设发展规划并监督实施，指导地方级海洋特别保护区的建设发展。

沿海省、自治区、直辖市人民政府海洋行政主管部门根据国家级海洋特别保护区建设发展规划，建立、建设和管理本行政区近岸海域国家级海洋特别保护区；组织制定本行政区地方级海洋特别保护区建设发展规划并监督实施；建立、建设和管理省（自治区、直辖市）级海洋特别保护区。

国家海洋局派出机构根据国家级海洋特别保护区建设发展规划，建立、建设和管理本海区领海以外的或者跨省、自治区、直辖市近岸海域的国家级海洋特别保护区。

沿海市、县级人民政府根据地方级海洋特别保护区建设发展规划，建立、建设和管理本行政区近岸海域地方级海洋特别保护区。

第六条　国家保障和推动海洋特别保护区建设，促进海洋特别保护区的综合管理和科学研究。

沿海各级人民政府应当切实履行海洋生态系统保护职责，保障对海洋特别保护区建设的投入，加强海洋特别保护区的宣传、教育，促进海洋特别保护区建设事业的发展。

对于在海洋特别保护区建设、管理和保护中做出突出贡献的单位和个人，沿海县级以上人民政府应当予以奖励。

第七条　沿海县级以上人民政府海洋行政主管部门会同同级财政部门设立海洋生态保护专项资金，用于海洋特别保护区的选划、建设和管理。

第八条　国家海洋局从国家海洋生态保护专项资金中对国家级海洋特别保护区的建设、管理给予一定的补助。

第九条　任何单位和个人都有保护海洋生态系统、协助和支持海洋特别保护区建设和管理的义务，并有权对破坏、侵占海洋特别保护区的单位和个人进行检举和控告。

第二章　建区

第十条　根据海洋特别保护区的地理区位、资源环境状况、海洋开发利用现状和社会经济发展的需要，海洋特别保护区可以分为海洋特殊地理条件保护区、海洋生态保护区、海洋公园、海洋资源保护区等类型。

在具有重要海洋权益价值、特殊海洋水文动力条件的海域和海岛建立海洋特殊地理条件保护区。

为保护海洋生物多样性和生态系统服务功能，在珍稀濒危物种自然分布区、典型生态系统集中分布区及其他生态敏感脆弱区或生态修复区建立海洋生态保护区。

为保护海洋生态与历史文化价值，发挥其生态旅游功能，在特殊海洋生态景观、历史文化遗迹、独特地质地貌景观及其周边海域建立海洋公园。

为促进海洋资源可持续利用，在重要海洋生物资源、矿产资源、油气资源及海洋能等资源开发预留区域、海洋生态产业区及各类海洋资源开发协调区建立海洋资源保护区。

第十一条　具有重大海洋生态保护、生态旅游、重要资源开发价值、涉及维护国家海洋权益的海洋特别保护区列为国家级海洋特别保护区。

除前款之外的其他海洋特别保护区列为地方级海洋特别保护区。

第十二条　国家建立海洋特别保护区评审制度。建立海洋特别保护区应当经过海洋特别保护区评审委员会的评审论证。

海洋特别保护区评审委员会由海洋行政主管部门会同有关部门组织成立。

海洋特别保护区评审委员会由相关专业的专家和管理部门的代表组成。

第十三条　沿海省、自治区、直辖市近岸海域内国家级海洋特别保护区的建立由沿海省、自治区、直辖市人民政府海洋行政主管部门提出申请，经沿海同级人民政府同意后，报国家海洋局批准设立。

领海以外海域和跨省、自治区、直辖市近岸海域国家级海洋特别保护区的建立由国家海洋局派出机构提出申请，报国家海洋局批准设立。

国家海洋局依据相关法律法规，根据国家级海洋特别保护区评审委员会评审结论，审批国家级海洋特别保护区。

地方级海洋特别保护区的建立由沿海县级以上人民政府海洋行政主管部门提出申请，经地方级海洋特别保护区评审委员会评审后，报沿海同级人民政府批准设立。

跨区域地方级海洋特别保护区的建立，由所在地相关地方各人民政府共同的上一级海洋行政主管部门协调，经相关海洋特别保护区评审委员会评审，并由各相关地方人民政府同意后，报共同的上一级人民政府批准设立。

建立海洋特别保护区，应当在报请批准机关批准之前，由提出申请的机关向社会公示，征求公众意见。

第十四条　沿海县级以上人民政府海洋行政主管部门根据海洋功能区划、海洋资源环境状况、海洋经济发展状况，选划并申报建立海洋特别保护区。

海洋特别保护区选划工作应当符合海洋特别保护区选划论证技术标准的有关要求。

第十五条　申请建立海洋特别保护区应当按本办法附件的要求填写建立海洋特别保护区申报书，并提交海洋特别保护区选划论证报告。

第十六条　海洋特别保护区的调整、撤销，应当按照第十二、十三条规定的程序办理，由原批准机关批准。

第十七条　海洋特别保护区建立后，其管理机构应当按照批准的海洋特别保护区的范围和界线，在适当位置设立界标和标牌，标牌应公布海洋特别保护区边界坐标，并公布海洋特别保护区管理的规章、制度、措施等相关信息。

任何单位和个人不得移动、污损和破坏海洋特别保护区界标和标牌。

第三章　管理制度

第十八条　已经批准建立的海洋特别保护区所在地的县级以上人民政府应当加强对海洋特别保护区的管理，建立管理机构。必要时可以在海洋特别保护区管理机构内设立中国海监机构，履行海洋执法职责，并接受中国海监上级机构的管理和指导。

第十九条　海洋特别保护区管理机构的主要职责包括：

（一）贯彻落实国家及地方有关海洋生态保护和资源开发利用的法律法规与方针政策；

（二）制订实施海洋特别保护区管理制度；

（三）制订实施海洋特别保护区总体规划和年度工作计划，并采取有针对性的管理措施；

（四）组织建设海洋特别保护区管护、监测、科研、旅游及宣传教育设施；

（五）组织开展海洋特别保护区日常巡护管理；

（六）组织制订海洋特别保护区生态补偿方案、生态保护与恢复规划、计划，落实生态补偿、生态保护和恢复措施；

（七）组织实施和协调海洋特别保护区保护、利用和权益维护等各项活动；

（八）组织管理海洋特别保护区内的生态旅游活动；

（九）组织开展海洋特别保护区监测、监视、评价、科学研究活动；

（十）组织开展海洋特别保护区宣传、教育、培训及国际合作交流等活动；

（十一）建立海洋特别保护区资源环境及管理信息档案；

（十二）发布海洋特别保护区相关信息；

（十三）其他应当由海洋特别保护区管理机构履行的职责。

第二十条　海洋特别保护区管理机构应当在成立后一年内，组织编制完成海洋特别保护区总体规划，报请该海洋特别保护区的设立机关批准。

国家级海洋特别保护区的总体规划由国家海洋局批准。

海洋特别保护区总体规划应当按照《海洋特别保护区功能分区和总体规划编制技术导则》的要求编制。

海洋特别保护区内的保护与利用活动应当符合海洋特别保护区总体规划。

第二十一条　沿海县级以上人民政府海洋行政主管部门应当为保护和适度利用海洋特别保护区海洋资源、公益性海洋生态与资源恢复活动提供实施场所和指导。

海洋特别保护区内从事海洋生态与资源恢复活动的单位和个人，应当按照沿海县级以上人民政府海洋行政主管部门的管理要求实施有关活动。

第二十二条　沿海县级以上人民政府海洋行政主管部门负责组织建立由政府有关部门及利益相关者组成的海洋特别保护区协调机制，负责协调解决保护区管理机构职责以外的各类涉海活动；审议保护区内的执法巡护方案、重大生态保护项目、生态旅游及其他资源开发活动方案和涉及社区公众利益的重大事件。

第二十三条　海洋特别保护区内保护与利用活动使用海域的应当按照《中华人民共和国海域使用管理法》等有关法律规定进行。

第二十四条　经依法批准在海洋特别保护区内实施开发利用活动者应当制订并落实生态恢复方案或生态补偿措施，区内外排污及围填海等活动造成海洋特别保护区生态环境受损的应当支付生态补偿金。

第二十五条　海洋特别保护区管理机构应当根据有关技术标准，定期组织实施保护区内的社会经济状况、资源开发利用现状调查和生态环境监测、监视和评价工作。

第二十六条　海洋特别保护区实行管理评估制度。海洋行政主管部门应当对海洋特别保护区进行监督检查，组织开展海洋特别保护区建设和管理评估。

海洋特别保护区管理评估办法由国家海洋局另行制定。

第二十七条　沿海县级以上人民政府海洋行政主管部门及其所属中国海监机构，依照《中华人民共和国海洋环境保护法》《中华人民共和国海域使用管理法》和《中华人民共和国海岛保护法》等相关法律法规的规定，负责海洋特别保护区内的监督检查，依法查处违法行为。检查人员在履行执法检查职责时，应当向被检查人员出示执法证件；被检查人员应当配合检查人员的检查工作。

第二十八条　海洋特别保护区管理机构应当组织区内的单位和个人参加海洋特别保护区的建设和管理，吸收当地社区居民参与海洋特别保护区的共管共护，共同制定区内的合作项目计划、社区发展计划、总体规划和管理计划。

第二十九条　国家鼓励单位和个人在自愿的前提下，捐资或者以其他形式参与海洋特别保护区建设与管理。

第三十条　海洋行政主管部门负责组织建立海洋特别保护区应急系统，制定保护区及其周围区域应急预案。发生海洋环境污染、生态破坏事故和自然灾害时，海洋行政主管部门应当与有关部门和单位配合，按照应急预案采取措施，消除或者减轻灾害。

海洋特别保护区内应当配备应急设备和设施，并进行定期检查和维护。

第三十一条　海洋特别保护区实行功能分区管理，可以根据生态环境及资源的特点和管理需要，适当划分出重点保护区、适度利用区、生态与资源恢复区和预留区。

海洋特别保护区的功能区划遵循以下原则：

（一）以自然属性为主兼顾社会属性的原则；

（二）有利于促进海洋经济和社会发展原则；

（三）有利于海洋综合管理和资源可持续利用原则；

（四）国家主权权益和国防安全优先原则。

第三十二条　海洋特别保护区生态保护、恢复及资源利用活动应当符合其功能区管理要求。

在重点保护区内，实行严格的保护制度，禁止实施各种与保护无关的工程建设活动。

在适度利用区内，在确保海洋生态系统安全的前提下，允许适度利用海洋资源。鼓励实施与保护区保护目标相一致的生态型资源利用活动，发展生态旅游、生态养殖等海洋生态产业。

在生态与资源恢复区内，根据科学研究结果，可以采取适当的人工生态整治与修复措施，恢复海洋生态、资源与关键生境。

在预留区内，严格控制人为干扰，禁止实施改变区内自然生态条件的生产活动和任何形式的工程建设活动。

第四章　保护

第三十三条　严格保护典型海洋生态系统分布区、自然景观、历史遗迹、珍稀濒危海洋生物物种及重要海洋生物的洄游通道、产卵场、索饵场、越冬场、栖息地等各类重要海洋生态区域。

任何单位和个人不得擅自改变海洋特别保护区内海岸、海底地形地貌及其他自然生态环境条件; 确需改变的,应当经科学论证后,报有批准权的海洋行政主管部门批准。

第三十四条　严格限制将外来物种引入海洋特别保护区；确需引入的，由海洋特别保护区管理机构组织论证后，报物种主管部门批准，物种主管部门在批准前应当征求同级海洋行政主管部门的意见。

第三十五条　任何单位和个人不得破坏海洋特别保护区内领海基点等海洋权益保护标志和设施。经依法批准，在海洋特别保护区内从事保护、恢复和资源利用等活动，不得影响领海基点的安全。

第三十六条　禁止在海洋特别保护区内进行下列活动:

（一）狩猎、采拾鸟卵;

（二）砍伐红树林、采挖珊瑚和破坏珊瑚礁;

（三）炸鱼、毒鱼、电鱼;

（四）直接向海域排放污染物;

（五）擅自采集、加工、销售野生动植物及矿物质制品;

（六）移动、污损和破坏海洋特别保护区设施。

第五章　适度利用

第三十七条　根据海洋特别保护区生态环境及资源特点，经有审批权的部门批准后允许适度开展下列活动:

（一）生态养殖业;

（二）人工繁育海洋生物物种;

（三）生态旅游业;

（四）休闲渔业;

（五）无害化科学试验;

（六）海洋教育宣传活动;

（七）其他经依法批准的开发利用活动。

第三十八条　海洋特别保护区内严格控制各类建设项目或开发活动，符合海洋特别保护区总体规划的重点建设项目，须经保护区管理机构同意后，按照相关法律法规的要求进行海洋工程环境影响评价和海域使用论证。海洋工程环境影响报告和海域使用论证报告应当设专章编写生态环境保护、生态修复恢复和生态补偿赔偿方案及具体措施。

第三十九条　严格限制在海洋特别保护区内实施采石、挖砂、围垦滩涂、围海、填海等严重影响海洋生态的利用活动。确需实施上述活动的，应当进行科学论证，并按照有关法律法规的规定报批。

第四十条　应当按照养殖容量从事海水养殖业，合理控制养殖规模，推广健康的养殖技术，合理投饵、施肥，养殖用药应当符合国家和地方有关农药、兽药安全使用的规定和标准，防止养殖自身污染。

第四十一条　应当科学确定旅游区的游客容量，合理控制游客流量，加强自然景观和旅游景点的保护。禁止超过允许容量接纳游客和在没有安全保障的区域开展游览活动。

在海洋公园组织参观、旅游活动的，必须按照经批准的方案进行，并加强管理；进入海洋特别保护区参观、旅游的单位和个人，应当服从海洋公园管理机构的管理。

禁止开设与海洋公园保护目标不一致的参观、旅游项目。

第四十二条　进入海洋特别保护区拍摄影视片、采集标本的单位或个人，应当严格遵守国家有关规定，经海洋特别保护区管理机构同意并报负责批准建立该保护区的海洋行政主管部门备案。

从事前款活动的单位或个人，应当将其活动成果的副本提交海洋特别保护区管理机构。

第四十三条　海洋公园内可以建设管护、宣教和旅游配套设施，设施建设必须按照总体规划实施，并与景观相协调，不得污染环境、破坏生态。重点保护区、重要景观及景点分布区，除必要的保护和附属设施外，不得建设宾馆、招待所、疗养院和其他工程设施。

第四十四条　海洋特别保护区可以作为海洋生态保护和资源可持续利用的科研、教学和实验基地。

在海洋特别保护区内从事科研、教学及其相关活动，建设实验基地的人员，不得破坏海洋生态系统。

在海洋特别保护区内开展的科学研究成果应当与保护区管理机构共享，并向保护区管理机构提交副本。

第四十五条　在海洋特别保护区内开展活动，需要调整已经确定的海洋特别保护区生态保护方案和资源利用方案的，在调整前，应当报请海洋特别保护区管理机构批准。

第四十六条　海洋特别保护区内的经营性开发利用活动，可以依照有关法律法规和海洋特别保护区管理制度及总体规划，由海洋特别保护区管理机构实施，也可以在海洋特别保护区管理机构监管下，采用公开招标方式授权企业经营。授权企业经营的，海洋特别保护区管理机构应当与企业签订特许经营协议，实行资源有偿使用制度，有偿使用收入应当专门用于海洋特别保护区的保护和管理以及对有关权利人损失的补偿。

在海洋特别保护区内发生事故和突发性事件对保护区造成污染和损害的单位和个人必须及时采取处理措施，减少或消除对海洋特别保护区生态与资源的影响，并对所破坏的海洋景观给予恢复。

第六章　法律责任

第四十七条　违反本办法，对海洋特别保护区造成破坏的，由县级以上人民政府海洋行政主管部门及其所属的中国海监机构依照《中华人民共和国海洋环境保护法》

第七十六条的规定，责令限期改正和采取补救措施，并处一万元以上十万元以下的罚款；有违法所得的，没收其违法所得。

第四十八条　海洋特别保护区内从事资源开发利用活动的单位和个人造成领海基点及其周围环境被侵蚀、淤积或者损害的，由县级以上人民政府海洋行政主管部门依照《中华人民共和国防治海洋工程建设项目污染损害海洋环境管理条例》第四十九规定，责令停止建设、运行，限期恢复原状；逾期未恢复原状的，海洋行政主管部门及其所属的中国海监机构可以指定具有相应资质的单位代为恢复原状，所需费用由建设单位承担，并处恢复原状所需费用的 1 倍以上 2 倍以下的罚款。

第四十九条　海洋特别保护区内从事海水养殖，对海洋环境造成污染或者严重影响海洋景观的，由县级以上人民政府海洋行政主管部门及其所属的中国海监机构依照《中华人民共和国防治海洋工程建设项目污染损害海洋环境管理条例》第五十四的规定，责令限期改正；逾期不改正的，责令停止养殖活动，并处清理污染或者恢复海洋景观所需费用 1 倍以上 2 倍以下的罚款。

第五十条　对破坏海洋特别保护区，给国家造成重大损失的，按照《中华人民共和国海洋环境保护法》第九十条规定，由行使海洋环境监督管理权的部门代表国家对责任者提出损害赔偿要求。

第五十一条　海洋行政主管部门、海洋特别保护区内其他行政管理部门、沿海县级以上人民政府及其工作人员违反本办法规定，情节轻微的，对直接负责的主管人员和其他直接责任人员，依法给予行政处分。

第七章　附则

第五十二条　沿海省、自治区、直辖市人民政府海洋行政主管部门根据本办法，结合当地实际情况，制定具体的管理规定。

第五十三条　本办法自发布之日起施行。

附录三　国家级海洋保护区规范化建设与管理指南

为进一步规范国家级海洋自然保护区、海洋特别保护区的建设，提高管理水平，充分发挥国家级海洋保护区的各项功能，根据《中华人民共和国海洋环境保护法》《中华人民共和国自然保护区条例》及有关规定，制定国家级海洋保护区规范化建设与管理指南。

地方级海洋保护区可以参照本指南开展规范化建设与管理工作。

一、总体目标

通过规范化建设与管理，国家级海洋保护区应达到的总体目标是：保护目标明确，生态环境及资源本底清楚，管护及监控设施完备，管理队伍专业，管理制度健全，规划科学合理，保护与利用关系协调，资源管护、科研监测、宣传教育等功能得到充分发挥，生态旅游等资源合理利用，社区共管和公众参与机制完善，保护成效显著。

二、规范化建设要求与内容

（一）基本要求

国家级海洋保护区规范化建设是指规范国家级海洋保护区基础管护设施建设和相应设备的配置。国家级海洋保护区规范化建设应坚持“统筹规划、合理布局、因地制宜、讲求实效”的原则，建设内容应满足主要保护对象或保护目标、生态环境保护与管理的需要。建设内容和规模应与本保护区的类型、面积、保护对象或保护目标、生态环境特征以及管理目标相适应，与自然、社会经济条件相协调，不得盲目求大、求全、求高档。各项设施应与当地的自然景观和谐一致，力求节能、环保，尽量采用太阳能、风能、沼气等清洁能源，区内的供电等线路应尽量采用地下铺设并复原。规范化建设应充分利用现有的各项设施设备，不得重复建设。管护、科研、宣教、办公设施尽可能集中建设，并兼顾各项功能。保护区内用于主要保护对象或保护目标救护繁育设施、生态恢复工程等建设的，应进行科学论证。

（二）管护设施

1. 办公及附属设施设备

国家级海洋保护区管理机构应建设适当的办公及附属设施，满足日常办公、管理等需要。办公用房应尽量与科研和宣教设施集中建设，并配备相应的办公设备。办公用房面积按国家有关规定执行。应按管理人员人数配备办公桌椅、计算机等，并配备资料密集柜、档案陈列柜等管理设施。

2. 基础管护设施

国家级海洋保护区管护设施的建设不得破坏保护区主要保护对象或保护目标、生态环境及自然地质地貌景观。

（1）保护管理站（点）用房

根据保护与管理要求，国家级海洋保护区可设立保护管理站（点）。保护管理站（点）内应配有基本的办公、通信等配套设施，便于保护区管护人员开展管护工作。保护管理站（点）外观应与周围自然环境相协调，其建筑面积不大于 300 平方米。

（2）巡护监视瞭望塔（台）

根据海洋保护区实际管理需要、主要保护对象或保护目标分布情况，结合考虑视野及当地地质地貌情况，建设巡护监视瞭望塔（台）。瞭望塔（台）设置应具有良好的视线通透性，便于观察瞭望，外观尽量与周围自然环境相协调。

（3）界碑、界桩及海上界址浮标

国家级海洋保护区应在人为活动频繁地区、主要道路相交处、转向点及海域设置界碑、界桩和海上界址浮标，充分发挥指示、警示、宣传的作用。界碑、界桩和浮标的设置应规划合理、位置明显、效果突出，牌面内容设计科学、文字清晰明了。界碑、界桩及海上界址浮标的外观设计应与本保护区生态景观相协调。海上界址浮标的设置应充分考虑海洋水动力条件、底质状况及周边的开发活动状况等，海上界址浮标应具有安全和稳定、不污染海水、不易损毁、不妨碍海上航行、颜色醒目、易于维护等特点，材质一般为玻璃钢或无毒 PE 等材质。

界碑、界桩一般间隔 1000 米，在人类活动较频繁的区域或转向点应适当加密。海上界址浮标应根据界限拐点分布情况适当设置。

（4）管护围栏

根据保护管理需求，可在保护区生态敏感、人类活动频繁等保护区边界设置管护围栏。管护围栏设置以不影响保护动物的自由迁徙为原则，一般采取金属网、木质、水泥栏栅或其他材料，管护围栏应具有稳定性、视野通透性等特点，与周围生态环境协调一致。

（5）景观大门

景观类型、海洋公园等保护区可根据管理需要在入口处或进入保护区的主要地段，设置景观大门，以作为保护区标志性建筑。景观大门的设计以体现本保护区主要保护对象或保护目标特点、与周边生态景观协调为原则，融生态、人文于一体，具景观性、标志性、协调性、美观性、创新性等特征。

（6）巡护道路

巡护道路包括干道、便道和巡护步道。干道用于联系保护区和国家或地方交通干线，路面等级应满足晴雨通车要求。便道用于连接保护区管理机构办公地点、保护管理站（点）、瞭望塔（台）、监测点和居民点等，标准应达到通车或人员便利通行要求。此外，可根据巡护需要，依自然地势设置自然道路或人工修筑阶梯式道路作为巡护步道。

必要的巡护道路能够满足保护区巡护、监测、日常管理、防火等需要。不得以管护为名铺设旅游道路，破坏生态环境。

（7）巡护码头

根据巡护执法的需要，修建巡护码头（含透水或浮动式码头），供执法船（艇）靠泊。

（8）野生生物保护设施

因野生动植物及其栖息地保护的需要，国家级海洋保护区可以适当建设生态礁、人工洞穴、巢箱等设施，配备野生动物救护、病虫害检疫防治等设备。

（9）供电供水设施

修建并逐步完善保护区内供电供水设施。

（10）灾害防护设施

根据实际情况保护区可建设预防风暴潮、溢油、海岸侵蚀及火灾等灾害的防护设施。

（11）通讯及网络设施

修建必要的通讯及网络设施，用于保护区的日常管护与执法。

（12）废弃物收集及处理设施

建立生活污水和其他废弃物的收集及处理设施，废水统一排入城市管网，或经处理后实现回收或达标排放，其他废弃物送至指定地点集中处理。

3. 巡护执法设备

根据资源保护和管理工作的需要，国家级海洋保护区应配备必要的巡护、执法、取证设备，主要包括交通工具、通信工具、执法取证设备等。

（三）科研监测设施

1. 在线监控设备

国家级海洋保护区可根据工作需要配备在线监控设备。建设保护区生态监控平台（包括软件和硬件建设），岸基视频监控系统，车载或船载视频监控系统，无人机监控系统，海洋生物远程鉴定系统，生态浮标监测系统等。

2. 科研设施设备

国家级海洋保护区应建立综合性常规实验室，配备海水、沉积物及相关生物的采集与分析仪器设备。

（四）宣传教育设施

1. 宣传教育基地（中心）

国家级海洋保护区可根据自身特点及科普宣传教育的需要建立宣教场（馆），满足环境教育和生态旅游活动要求，宣教基地（中心）内可设置标本或模型陈列展览室、多媒体放映室、图书资料室等，每年向公众免费开放200天以上。宣传教育基地（中心）应配备宣教、通风、除湿、防火、防盗等设施设备，其中仪器设备主要包括：电教设备、多媒体查询设备、展示橱窗、陈列柜、展板、电光模型等。

2. 户外宣传栏与宣传牌

国家级海洋保护区应在道路出入口、居民点等人为活动频繁处，或根据管理需要，设立宣传栏或宣传牌。宣传栏及宣传牌应具有保护区的显著标识，宣传相关法律、法规、政策、注意事项及生态保护知识等，介绍本海洋保护区的名称、范围、主要保护对象、保护意义、保护要求等内容。每个保护区设立的户外宣传栏或宣传牌一般不少于10个。

三、规范化管理要求与内容

（一）基本要求

国家级海洋保护区规范化管理是指构建规范的管理框架体系和运行程序，明确相关的工作事项，依据相关法律法规开展各项管理事务，以达到工作任务明确、制度健全、运行有序、管理高效的目的。

（二）管理机构与人员

1. 管理机构

国家级海洋保护区应设置专门的管理机构，纳入县级以上财政预算。暂时不具备条件设立独立机构的，可积极探索委托管理、联合共管等其他形式的管理机制。国家级海洋保护区所在地的县级以上人民政府应当加强对海洋保护区的保护与管理。

保护区管理机构内部科室设置应满足各项工作需要，可设办公室、保护科、科研科、宣教科、社区科、资源利用与恢复科、管理站（点）、执法大队（支队）等，并有明确的职能和责任。

2. 管理人员

国家级海洋保护区人员数量应能够满足保护和管理需要，必要时可以聘用临时用工人员开展管护工作。

每个保护区管理人员不少于10人，其中专业技术人员（指具有与海洋保护区管理业务相适应的大专以上学历或同等学力者，下同）比例不低于50%，高级专业技术人员不低于20%。

（三）内部管理制度

国家级海洋保护区应有健全的内部规章制度，主要包括岗位责任、人事聘用、财务、宣教、培训、巡护、监察执法、社区共管、生态保护、资源利用与恢复、信息管理、考核制度等。

（四）档案管理

国家级海洋保护区应建立资源管护、监察执法、防火灭火、防灾减灾、科研监测、宣传教育、社区共管、项目建设、培训学习、生态保护、日常巡护、资源利用与恢复等工作的记录制度，形成完整的人事、科研、宣教、培训、资源管护、监察执法、生态保护、资源利用与恢复项目等系列档案。

国家级海洋保护区档案管理应当按照《档案法》《海洋档案管理规定》以及有关专项档案管理的规定和要求，将数字化档案上报国家海洋局，建立档案管理与服务系统。

（五）规划与计划

1. 总体规划

国家级海洋保护区管理机构应当编制总体规划，科学分析目前保护区存在的主要问题和困难，有针对性地提出阶段性规划目标和任务，指导海洋保护区建设与管理工作，经省级海洋行政主管部门初审后报国家批准实施。根据保护区实际建设管理成效、保护区生态环境及周边社会经济条件变化情况，总体规划至少每十年修编一次。

国家级海洋保护区的各项基础设施建设应符合总体规划要求。

2. 专项规划

国家级海洋保护区根据保护与管理工作的需要，在总体规划的指导下，编制生态保护与资源利用、生态恢复、生态旅游、生态补偿实施等专项规划，具体指导保护与利用专项活动。规划期一般为 5 年。

3. 年度工作计划

国家级海洋保护区应根据本保护区总体规划、专项规划及保护区面临的紧迫问题，制订年度工作计划，确定年度工作目标。保护区每年应根据当年度工作计划编制工作总结报告，评估年度工作计划完成情况，分析存在问题和经验，报告主管部门。

（六）界址勘定与权属

1. 界址勘定

国家级海洋保护区应在批准建立后的一年时间内，完成保护区范围及功能区界址勘定。

保护区应具有准确经纬度坐标网格的功能分区图、土地利用结构图、海域使用现状图等图件。有条件的保护区应采用数字化管理手段记录、标识、管理本保护区及功能区边界。

保护区管理人员必须准确掌握本保护区及其各功能区的界限范围。

2. 权属

海洋保护区权属包括海域使用权属和土地所有权属两部分。

保护区应明确掌握本保护区内海域使用权人的用海范围、用海类型、用海期限等信息。

保护区应明确掌握区内土地所有权、使用类型等信息。

（七）巡护与执法

1. 日常巡护

国家级海洋保护区应根据保护和科研工作的需要，配备专职巡护和执法人员，定期或不定期开展日常巡护工作。

日常巡护范围应该覆盖保护区大部分区域，必须涵盖重点保护区域及人为活动频繁区域。

日常巡护以定期巡护为主，可根据管理要求、交通条件、地形特点等因素合理确定巡护周期。

巡护应将巡察、科研监测、执法等工作结合。

日常巡护工作应建立巡护责任制和巡护报告制度，巡护人员每次巡护结束应填写巡护情况记录或日志，保护管理站每月应填写巡护月报，保护区管理机构每年应填写巡护年报。

保护区每年将巡护年报及监测结果上报海洋保护区行政主管部门。

2. 执法检查

国家级海洋保护区管理机构应按照有关法律法规的规定，对保护区内的生态旅游、开发建设、参观考察等活动进行执法检查，及时制止破坏保护区生态和资源的违法违规活动，并依据相应的法律法规进行处罚。

国家级海洋保护区管理机构应对出入保护区的人员及其携带的海洋、海岛生物、非生物资源实施检查，防止海洋保护区内自然资源和生态环境受到非法破坏以及外来物种的入侵。

保护区管理机构应积极配合相关执法机构，及时处理违法案件。

（八）科研监测

1. 资源调查

国家级海洋保护区应经常性开展科学考察和专项调查，尤其是对主要保护对象的调查，要对区内的生物多样性进行编目和详细记录，做到资源本底清楚。

每十年至少开展一次综合科学考察，编制科考及分析报告。有条件的争取出版科学考察报告。

2. 定期监测

国家级海洋保护区管理机构应根据具体情况定期开展生态环境、资源、自然生态灾害、开发利用活动、外来物种入侵、区内旅游活动等项内容的监测活动。

每年至少开展一次当地社区社会经济状况调查。

根据主要保护对象或主要保护目标的特点设置监测断面和站位，每年至少开展一次调查监测。监测结果应进行详细记录和分析，并根据监测结果对保护区生态环境及主要保护对象或保护目标变化情况进行评价。

3. 科研活动

国家级海洋保护区应加强与相关高校或科研机构合作，积极参与和支持有关海洋保护区科学研究工作，建立海洋生态保护与资源合理利用科学研究与教学实习的基地，积累保护区生态环境和主要保护对象或保护目标相关研究成果，不断丰富生态保护与资源开发利用相协调的技术与经验。

（九）宣传教育

1. 宣传资料

国家级海洋保护区应制定具有自身特点的相关法律法规和管理制度，编制科普宣传书籍、音像、文字及图片资料、环境教育材料等，分发给周边社区居民、游客和访问者。

2. 宣教活动

国家级海洋保护区管理机构应采取多种形式定期对学生、当地社区居民开展形式多样的环境教育活动。有条件的保护区应与所在社区学校共同编制校本教材，将海洋生态保护相关法律法规及科普知识纳入学校课堂教育之中。

国家级海洋保护区应积极创造条件，为来保护区的访问者（含游客）提供接受生态环境保护教育和科普知识宣传的场所及宣传材料等。

3. 海洋保护区网站

国家级海洋保护区应发挥网络宣传作用，建立并定期维护自己的网站或网页，及时发布和更新保护区的相关信息。

4. 交流与合作

有条件的国家级海洋保护区应广泛开展国内外交流与合作，吸收先进的生态保护与资源合理利用的先进技术和经验，通过建立姊妹保护区、参加国际或区域保护网络、参加国际国内培训和研讨会，展示保护区管理建设成果。

（十）社区共管

国家级海洋保护区应与所在地政府、有关单位及当地社区的关系协调融洽，可以通过建立共管机制、签订共管协议等多种形式，积极推进地方社区和居民参与海洋保护区管理，与所在社区每年开展至少一次社区共管活动。

（十一）业务培训

国家级海洋保护区管理机构应高度重视培训和学习，提高相关管理人员业务素质和管理水平。

保护区所有工作人员及季节性临时工在上岗前均需进行培训。

保护区管理机构应至少每年组织对所有工作人员进行一次法律法规、政策及技术培训和教育；具备条件的保护区，应积极派员工参加上级部门或其他单位举办的保护区工作相关培训。

培训内容包括法律政策、动植物知识、资源管护、执法检查、防火灭火、科研监测、宣传教育、项目建设、资源开发管理、社区共管、电脑应用和装备设备使用等。

（十二）应急能力建设

国家级海洋保护区应根据自身特点以及潜在的自然灾害及可能发生的重大环境污染、违规开发建设和生态破坏等紧急事件，编制相应的应急预案，配备相应设施设备。

四、保护与开发利用活动管理

（一）基本要求

国家级海洋保护区内的保护与开发利用活动应当符合《自然保护区条例》《海洋自然保护区管理办法》《海洋特别保护区管理办法》的要求。

在国家级海洋自然保护区核心区和缓冲区内，不得建设任何生产设施。在自然保护区实验区内，不得建设污染环境、破坏资源或者景观的生产设施。涉及自然保护区的建设项目和资源开发活动应严格按照《环境影响评价法》《自然保护区条例》等法律法规和有关规定进行管理。

国家级海洋特别保护区管理机构应当根据保护区生态环境状况与资源容量，科学规划保护与开发利用活动内容及开发利用的程度，指导保护区保护与开发利用有序进行。保护区保护与开发利用活动安排应当与各功能分区的管理目标一致。

国家级海洋保护区管理机构应对保护区内的保护与开发利用活动过程进行监督，开展相应的监理、统计、监测等。

（二）保护与开发利用活动管理

1. 保护活动

自然保护区及特别保护区的重点保护区内，实行严格的保护制度，不得实施各种与主要保护对象或保护目标、生态环境保护无关的工程建设活动。保护区内各种保护设施应与周围生态环境协调一致，保护工程和保护活动的实施与运行不得对主要保护对象或保护目标及生态环境造成损毁。

2. 开发利用活动

特别保护区的适度利用区内，鼓励实施与保护区功能区管理要求相一致的生态型资源利用活动，发展生态旅游、生态养殖等绿色低碳海洋产业。严格限制在海洋特别保护区内实施采石、挖砂、围垦滩涂、围海、填海等影响海洋生态的利用活动。确需实施上述活动的，应当进行科学论证，并按照有关法律法规的规定报批。在特别保护区的预留区内，严格控制人为干扰，禁止实施改变区内自然生态条件的生产活动和任何形式的工程建设活动。

3. 生态恢复活动

根据保护区内生态受损退化的状况，划分出生态恢复的区域，确定生态恢复类型，编制生态恢复实施方案，根据需要采取封禁方式进行自然恢复或进行人工辅助恢复。生态恢复实施方案须经有关专家论证。生态恢复工程实施一年后，开展生态恢复评价，根据评价结果，调整优化生态恢复方案。

涉及滨海湿地、红树林、珊瑚礁和重要海洋生物等类型的国家级海洋保护区可以根据生态恢复的需要，适当开展滨海湿地水源保护、湿地生态恢复、红树林、珊瑚礁、重要海洋生物物种人工恢复和外来入侵生物治理等工程。